단초전정 재배 위주

유럽계 포도 재배안내서

농촌진흥청 국립원예특작과학원

Jinhan M&B

단초전정
재배위주

유럽계
포도
재배안내서

CONTENTS

Ⅰ 포도일반

Ⅱ 환경

Ⅲ 개원 및 재식

Ⅳ 수형 및 전정

Ⅴ 수세와 결실

Ⅵ 토양관리와 시비

Ⅶ 수확 후 관리

Chapter

I

포도일반

1 포도 생장습성

포도의 꽃과 과실은 휴면아에서 나온 신초에서만 발생한다. 휴면아는 전년도 잎겨드랑이에 형성된 눈으로, 혼합아라고 하며, 세 개의 분리된 눈(1개 원눈, 2개 덧눈)으로 구성되어 있다. 생장이 시작되는 봄, 중앙에 있는 눈(원눈)이 휴면을 깨고 열매를 맺는 신초(결과지)를 발생시킨다. 유목기의 이러한 신초들은 영양생장만하고 결실을 하지 않으며 겨울에 경화되어 성숙된 줄기의 일부가 된다.

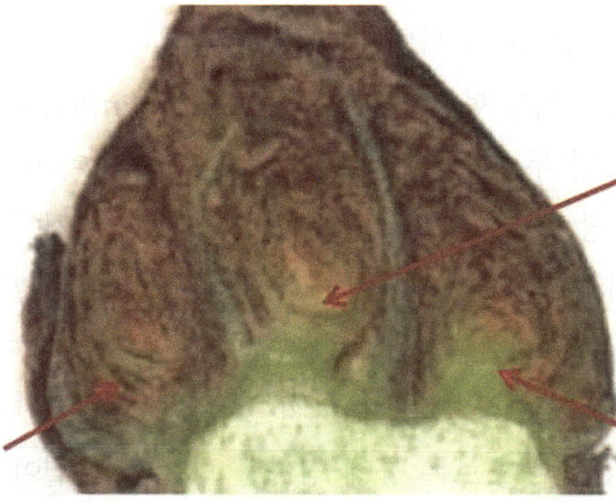

봄철 서리는 첫 번째 눈(원눈)에서 발생한 생장 초기단계의 신초를 고사시키기도 하는데, 이런 경우, 혼합아에 있는 덧눈이 신초로 발달하여 결실 할 수도 있다. 그러나 덧눈에서 발생한 신초는 첫번째 눈(원눈)에서 발생한 신초에 비해 활력과 생산성이 떨어진다.

봄철의 심한 서리로 인해 일부 눈들이 모두 고사하는 경우, 그 해에는 결실물이 없으며 남아있는 신초의 생장은 극도로 왕성해 진다.

당해연도 신초의 잎겨드랑이에서 발달하는 눈은 한여름을 거치면서 이듬해 꽃송이 형성을 위한 화아분화가 이루어지며, 생장이 끝나는 시기까지 계속해서 발달하여 잎과 송이의 원기를 분화시킨다. 이듬해 봄,

꽃의 최종 발달이 이루어지는데 이시기까지 신초길이는 15cm 이상으로 자라며 화총이 선명하게 보인다. 개화는 발아 후 약 4주가 경과되어 신초가 45~60cm 자랐을 때 일어난다.

형태학적으로 포도 화방은 덩굴손이 변형된 것으로, 덩굴손으로 될지, 화방으로 될지는 포도나무의 유전적 코드와 온도, 수체영양상태 등 재배환경에 의해 결정된다. 한 개의 휴면눈에서 발달하는 화방수는 포도나무의 활력 및 생장 상태, 특히 전년도 햇빛에 노출된 정도에 따라 크게 좌우된다. 각 포도 종들은 신초당 고유의 화방 갯수를 가지고 있으며, 이 화방들의 위치 또한 특정하다. 신초상의 과방 위치와 수는 포도나무의 전정과 유인 방법을 결정하는 고려 요소이다. 미국종 포도(*Vitis labruscana*)의 화방은 신초 기부로부터 2, 3, 4, 5번 절간에 위치하며 신초당 2~4개를 형성한다. 유럽계포도(*V. vinifera*)를 포함한 많은 포도종들은 신초 당 두 개의 화방만 형성한다. 꽃을 많이 피우는 경향인 교잡종 포도는 신초당 4개 이상의 화방를 갖고 있으며 가지에 있는 정상아 뿐만 아니라 주지의 잠아나 기부에서 나온 눈에서 결과지를 발생시키기도 한다.

포도는 다른 과종에 비해 꽃이 늦게 피는 편이며 바람에 의해 꽃가루가 운반되어 수정되는 풍매화이다. 수정은 날씨와 나무상태, 수체 내 생화학적 활성도 및 호르몬 등에 영향을 받는다. 햇볕이 잘 들며 따뜻하고 건조한 조건에서 수정이 잘 이루어진다.

과립의 생장과 발달은 세 단계(1기, 2기, 3기)를 거치는데, 1기에서는 수정이 된 후 과립에서 빠른 세포분열과 생장이 일어나고, 이어지는 2기에서는 신초와 잎의 생장이 빨라지는 동안 과립생장이 느려진다. 3기에는 변색기로서, 과피색이 발달하고 과립이 연화해지며, 포도의 성숙과 수확기까지 산함량이 감소하고 당함량이 증가한다. 유럽계포도는 2기와 3기가 긴 편이다. 2기에 종자가 경화되고 3기에 들면 과립이 비대해지고 연화된다.

포도나무 생육기간 동안 짧고 약한 가지들이 잎의 겨드랑이에서 빈번하게 발생하는데, 이를 부초라고 한다. 이러한 부초는 새잎의 광합성 활동의 중요한 원천이 될 수 있다. 그러나 부초는 월동하기에 충분히 성숙되지 않으며 보통 전정으로 제거된다. 가을철 낙엽 후, 당해 년도 생장한 가지는 휴면지로 경화되며 전정 시 결과모지로 선택되거나 번식재료로 취해진다.

포도나무 뿌리는 양수분의 흡수뿐만 아니라 나무의 지지 및 호르몬 생산 등의 중요한 기능을 수행하며, 더불어 이른 봄 포도나무 생장을 위한 탄수화물과 질소를 비축하는 1차 저장기관으로의 중요한 역할을 수행한다. 포도 뿌리는 토양의 45~60cm 사이의 공기가 잘 통하는 곳에 집중되어 있지만 경반이나 높은 지하수면에 의해 방해받지 않으면 토양 깊숙이 더 들어갈 수 있다. 적절한 대목 선택으로 다양한 범주의 토양에서 포도나무를 재배할 수 있다.

포도나무는 줄기의 효율적인 관리 및 나무를 지탱하기 위하여 지주 시설이 필요하다. 이러한 지주는 지상부를 지탱하고 잎을 햇빛에 더 많이 노출시키게 하여 과실의 색과 품질을 증진시킨다. 포도나무는 생산성과 과실품질 유지를 위해 매년 전정을 해주어야 한다.

2 포도 품종 분류

포도나무는 갈매나무目(*Rhamnales*), 포도科(*Vitaceae*), 포도屬(*Vitis*)에 속하며 북위 25° 와 50° 사이의 동아시아, 유럽, 중동 및 북아메리카 등지에 분포하고 있다. 포도科에는 6개의 속(屬)이 있으며 포도 속에는 34개의 종(種)이 있다. 재배종 포도는 포도 속에 속하며 포도 속에는 경제적으로 가치가 있는 머스카다인 포도, 미국종 포도, 유럽종 포도 등 3개의 종과 미국종과 유럽종을 교배하여 얻은 1개의 교잡종 그룹이 속해 있다.

포도 품종은 1만4천여 품종이 보고되고 있으나, 동종이명을 제외하고 약 8천여 품종이 실제로 존재하거나 했을 것으로 추측하고 있다. 그중 약

95%가 유럽계며 그중의 90%가 양조 또는 건포도 등 가공용으로, 생식용 품종은 얼마 되지 않으나, 점차 생식용 품종의 육종 비율이 높아지고 있다.

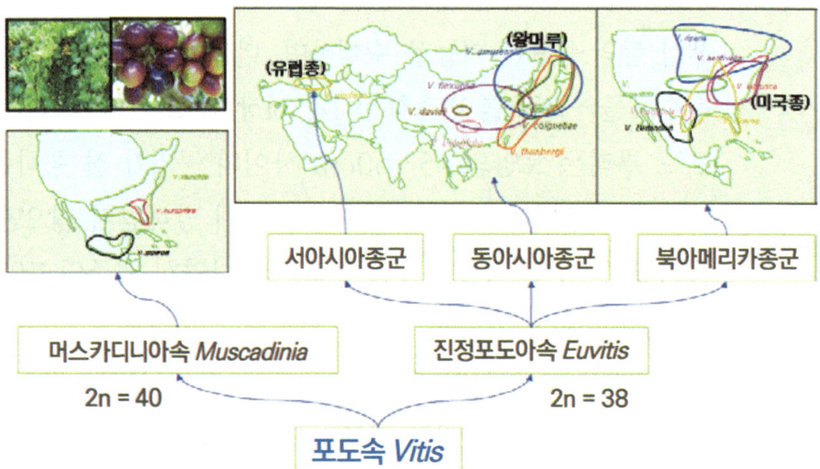

〈포도속 식물의 분류〉

1) 머스카다인(*Vitis rotundif olia* Michx)

본 종은 미국 남동부 지역에 잘 적응한 종이며 유럽종 포도에 비하여 매우 활력이 좋고 병에 강하다. 내한성이 약하여 미국의 중서부, 북동부, 중부 대서양 연안에서는 재배하기가 어렵다. 본 종에 속하는 품종은 암술만 있는 것과 완전화인 2개의 그룹으로 나눌 수 있으며 'Cowart', 'Hunt', 'Noble', 'Jumbo', 'Nesbitt', 'Southland' 품종 등이 이에 속한다.

2) 미국종(*Vitis. labrusca* L. 또는. *Vitis. labruscana* Bailey)

미주대륙에서 자생하는 포도종 중 가장 품질이 좋은 종으로 내한성(耐寒性)과 내병성(耐病性)이 강하다. 그러나 유럽계에 비하여 과립이 작고, 당도가 낮은 등 품질이 좋지 않다. 미국종은 잎이 크고 두꺼우며, 농록색(濃綠色)이고, 마디사이(節間)가 짧으며, 덩굴손은 연속성이다. 포도알(果粒)은 원형 또는 약간 편원형이고, 미국종 특유의 냄새(狐臭 :

fox-flavor)가 나며, 과피가 두껍고 과육과 잘 분리된다. 포도송이(果房)는 크지 않지만 착립성이 좋은 편이다. 본 종은 주로 포도 주스에 많이 이용되며 젤리, 잼, 통조림에도 많이 이용되고 있다. 가장 잘 알려져 있는 품종은 '콩코드(Concord)' 품종이며 이외에도 '나이아가라(Niagara)', '이사벨라(Isabella)', '델라웨어(Delaware)', '카타우바(Catawba)' '알바(Alba)'등이 본 종에 속한다.

3) 유럽종(*Vitis vinifera*)

원산지는 카스피해 연안 또는 카프카즈지방이며, B.C. 40~30년에 지중해를 거쳐 그리스, 로마, 이집트 등지로 전파되었는데, 현재 전 세계 포도 생산량의 90% 이상을 차지하고 있다. 그 대부분이 양조용으로 소비되고 있으며 생식용, 건포도용 등으로도 이용되고 있다. 전 세계적으로 적어도 5,000개 이상의 본 종에 속한 품종이 재배되고 있는 것으로 알려져 있으나 정확하지 않다. 주로 재배되고 있는 품종은 100여개 이내의 품종이다. 지중해성 기후 지역에서 잘 자라고, 내병성과 내한성이 약하기 때문에 우리나라에서는 노지에서 경제적인 재배가 곤란하다. 특히 노균병, 새눈무늬병 등 수인성 전염병과 포도뿌리혹병 및 포도뿌리혹벌레 등 토양병해충에 약하다.

잎은 얇고, 어린잎의 앞면에 광택이 있으며, 마디사이가 길고, 덩굴손이 간절성(間絶性)이다. 포도알은 원형~장원형 또는 난형이며, 과피가 얇고 과육에 밀착되어 있어 잘 분리되지 않는다. 품질이 양호하며 포도송이가 큰 것이 많지만 우리나라 환경에서는 결실성이 떨어진다. 유럽, 중앙아시아, 미국 남서부 지역, 남미, 아프리카 등 전 세계 대부분의 포도 재배지역에서 재배되고 있다. 본 종에 속한 주요재배 품종으로는 '톰슨 씨들레스(Thompson Seedless)', '까베르네쇼비뇽(Cabernet Sauvignon)', '메를로(Merlot)', '피놋노아(Pinot Noir)', '아이렌(Airen)', '말벡(Malbec)', '샤르도네이(Chardonnay)', '쇼비뇽블랑(Sauvignon Blanc)', '리슬링(Riesling)' 등이 있다.

4) 교잡종(*Vitis* spp. 또는 French-American Hybrids)

1860년대 유럽에 전래된 필록세라 포도 해충은 이병에 매우 약한 유럽종 품종이 재식된 포도원을 황폐화시켰다. 이후로 필록세라에 저항성인 포도 대목이 요구되어 필록세라에 저항성이며 미국 북부 중앙 지역이 원산지인 미국종 포도와 유럽종 포도를 교배하여 필록세라에 저항성인 품종이 육성되었고 더불어 포도주 품질도 우수한 품종을 육성하게 되어, 유럽종의 품질이 우수하나 겨울철 동해나 병에 약한 단점, 미국종의 내한성 및 내병성 등 불량환경적응성은 뛰어나나 과립이 작고 품질이 나쁜 단점 등을 해결하기 위하여 미국종과 유럽종을 교배하여 품질도 우수하고 불량환경 적응성도 뛰어난 새로운 종을 육성하는 시도가 꾸준히 이루어져 왔다. 이렇게 미국종과 다른 종을 서로 교배하여 개량한 품종을 일괄하여 교잡종이라고 분류하며 미국종에 포함시키기도 한다. 본 종에 속한 품종으로는 '비달블랑(Vidal Blanc)', '세이벌(Seyval)' 등이 있다.

우리나라와 같이 겨울철 추위가 강하고 생육기 비가 많이 와서 유럽종을 노지 재배하기 어려운 곳에서는 교잡종 품종을 재배하는 것이 유리하며, 실제 우리나라에서 많이 재배되고 있는 '캠벨얼리(Campbell Early)', '거봉(Kyoho)', '델라웨어(Delaware)' 등이 이에 속한다. 우리나라에서는 주로 생식용으로 재배하지만, 미국의 뉴욕주, 워싱턴주 등 유럽종 포도의 겨울철 노지 월동이 어려운 북부지역에서 주스용으로 많이 재배하고 있다.

표. 포도 종별 주요 특성

특성	유럽종	교잡종	미국종
품종	이탈리아 등	캠벨얼리, 거봉 등	알바, 워든
결과습성	간절성	간절성	연속성
당도	고	중	저
포도알 크기	대	중	소
송이 크기	대	중	소
내한성	약	중	강
향기	마스켓(Muscat)	주로 여우향(Fox)	여우향(Fox)
내병성			
- 노균병	약	중	강
- 새눈무늬병	약	중	강
- 흰가루병	약	중	강
- 갈반병	강	중	약

3 우리나라 포도 품종의 구성

국내에서 주로 재배되고 있는 품종은 재배역사가 오래된 '캠벨얼리(Campbell Early)', '거봉(Kyoho)', '머스켓베일에이(Muscat Bailey A)' 등이며 캠벨얼리 품종이 가장 많은 재배면적을 차지하고 있다. 최근 4년간 유럽계 포도 특성이 강한 '샤인머스켓(Shine Muscat)' 품종에 대한 관심이 고조되어 재배면적이 1,700ha(2019년) 이상으로 급속히 증가하는 추세를 나타내고 있다. 국립원예특작과학원에서 육성된 유럽계 포도 품종으로 껍질째 먹을 수 있으며 씨가 없는 '홍주 씨드리스' 품종이 농가에 소개되고 있다.

유럽계 녹색 주요 품종의 특성

품종명	송이모양	과피색	과방중	내한성	숙기	비고
Shiny Star (샤이니 스타)		녹황	330g	중	8월하	껍질째 먹는 무핵포도, 풍산성, 화진 및 열과 적음, 적정 착과량 1.5송이/1가지
Gold Finger (골드 핑거)		녹황	500~700g	중약	9월상	수송성 약하고 독특한 감미와 외형으로 직판용으로 적당.
Muscat of Alexandria (머스켓 오브 알렉산드리아)		녹황	700g 내외	중약	9월하	머스켓 향, 유핵, 껍질 분리 안됨,
Shine Muscat (샤인 머스켓)		녹황	500g 내외 (유핵 기준)	중	9월하	감미로운 머스켓 향, 풍산성, 열과와 탈립이 거의 없고 재배하기 쉬움.
Italia (이탈리아)		연녹	700g 내외	중	9월하	머스켓 향, 수세가 강하며 빈가지 약간 발생

유럽계 적색 주요 품종의 특성

품종명	송이모양	과피색	과방중	내한성	숙기	비고
Hongju Seedless (홍주 씨드리스)		암적	600g 내외	중	9월하	아삭아삭한 과육, 풍산성, 껍질째 먹는 무핵재배 가능, 과립 밀착에 의한 열과 주의.
Beni Balad (베니 바라드)		선홍	700g 내외	중약	9월초	조생종으로 과육 단단하며 껍질째 섭취, 재배 용이하나 무핵재배 어려움.
Manicure Finger (메니큐어 핑거)		암적	600g 내외	약	9월중	길죽한 특이 과형, 수세 안정 시 풍산성, 잿빛 곰팡병 등 내병성 약함, 열과 많은편.
Ruby Okuyama (루비 오쿠야마)		선홍	700g 내외	중약	9월하	풍산성, 머스켓 향, 열과 및 탈립 적음, 껍질째 섭취, 과번무 시 착색 불량, 과다착과 시 숙기지연.
Christmas Rose (크리스마스 로즈)		선홍	800g 내외	중	9월하	껍질째 먹는 알굵은 유핵 포도, 열과 적고 저장성 좋음, 수세 강한편, 빈가지 약간 발생, 열과 및 탈립 적음.
소평호		선홍	600g 내외	중	9월하	착색양호, 독특한 향이 있고 육질 아삭아삭, 열과 및 탈립 적고 저장성 양호, 무핵화 GA처리는 가능한 늦게 실시.

유럽계 흑색 주요 품종의 특성

품종명	송이모양	과피색	과방중	내한성	숙기	비고
Stella (스텔라)		자흑	400g 내외 (유핵 기준)	중	9월초	결실력이 좋은 편으로 풍산성이며 껍질째 먹는 무핵재재 가능, 독특한 체리향.
Ruby Seedless (루비 씨드리스)		암적	600g 내외	중	9월하	껍질째 먹는 무핵포도, 고온에 잘 견디나 병해에 약함, 성숙기 열과 약간, 수송성 중.
Autumn Royal (어텀 로얄)		자흑	700g 내외	중하	9월하	껍질째 먹는 무핵 대립종, 착색양호하며 GA처리 없이 과립 8g, 껍질은 얇고 과육은 단단, 일부농가 시험 재배 중.
Adora Seedless (아도라 씨드리스)		자흑	600g 내외	중	9월하	껍질째 먹는 무핵 대립종, 과피 얇고 육질 단단, 산함량 적음, 저장성 양호, 일부농가 시험재배 중.
Alden (알덴)		자흑	350g 내외	중강	9월초	머스켓 향, 과분형성 양호, 느슨한 착립, 수송성 약한편, 과다착과 시 착색불량.

4 품종 선택 시 고려할 일반적인 사항

1) 재배지의 환경과 품종선택

포도는 여타 과수작목과 같이 품종 고유의 특성(생태, 생육, 과실)이 있으며 이러한 특성이 제대로 잘 발현되기 위해서는 재배지의 환경이 매우 중요하다. 따라서 신규개원 또는 품종 갱신 시에는 재배지의 환경을 면밀히 검토하고 그 지역에 가장 알맞은 품종을 선택하여야 하는데, 예를 들면 선택한 품종의 내한성, 과실특성, 숙기 등이 재배지 환경과 맞는지를 면밀히 검토해야 한다. 만약 선택한 품종이 부적지에 심겨진다면 투입된 노력과 비용에 비해 좋은 과실 생산을 기대하기 어려울 것이다. 따라서 최종 생산비에 재배환경 개선 노력, 투하 노동력 등이 가장 적게 투입되는 품종이 효율적인 측면에서 고려될 수 있다.

2) 소비자의 기호에 맞는 품종선택

포도는 다른 과수 작목에 비하여 맛, 과피색, 향기, 무핵 등의 다양한 과실 특성을 더 많이 갖고 있어 소비자나 재배가의 품종선택 폭이 넓은 장점이 있다. 물론 지금까지 오랜 세월 섭취해 오던 '캠벨얼리'나 '거봉' 등에 입맛이 길들여져 소비자의 기호성이 쉽게 바뀌지 않을 것으로 판단할 수 있으나, 시대는 변화하여 농산물 수입개방과 국민소득증대로 다른 종류의 포도 품종을 경험할 기회가 많아져 소비자의 포도 품종에 대한 기호성이 다양해지고 있다. 따라서 과거 개발도상국 시절의 생산자 중심의 일방적인 포도 품종 제공을 지양하고 다양한 소비자의 기호성에 부응할 수 있는 특이한 착색, 향, 무핵 및 모양 등의 품종을 고려해 보아야 한다.

3) 생육 및 수확 후 특성과 품종선택

선택할 품종의 재배 및 유통 안정성을 도모하기 위해서는 선택하고자하는 품종의 결실성, 내병성, 열과, 저장성, 수송성 등의 생육특성을 면밀히 검토해야하며 수확 후 관리 및 재배적으로 불리한 부분도 적극적으로 고려하여, 가능하면 재배 안정성과 수확 후 관리에 불리한 품종은 선택 대상에서 제외시키는 것이 좋다.

4) 재배양식에 적합한 품종선택

목적하는 수확시기, 수형, 시설재배, 생장조정제 처리 등에 맞는 품종을 선택하여야 한다. 만생종 포도는 남부지방에 적합하고 시설재배에서는 조생인 품종이 유리하며, 생장조정제를 이용할 경우는 처리 효과가 잘 나타나는 품종을 선택하여야 한다. 품종에 따라 효율적이고 적합한 수형이 다를 수 있다. 울타리식 수형으로 재배할 경우 단초전정으로도 착립이 잘 되는 품종을 선택하여야 하고, 덕식 수형의 경우는 장초전정이 필요한 품종도 재배가 가능하다.

5) 재배자의 기술수준에 맞는 품종선택

포도는 많은 품종 수만큼 다양한 재배법이 필요하다. 배수성별(2배체와 4배체), 원산지별(유럽종, 미국종, 교잡종), 시설재배, 특수재배 등에 따라 목적하는 품종에 맞는 재배기술을 적용하는 것이 매우 중요하다.

6) 이용 목적에 맞는 품종선택

우리 나라 포도는 대부분이 생식용으로 소비되지만 최근 포도주나 가공용으로 소비되는 포도량이 증가 추세를 보이고 있으므로 기존 품종의 소비 대체 차원이나, 더 나아가 포도주나 가공용 전용 품종을 고려해봐야 한다.

7) 판매 방식에 맞는 품종선택

수확한 포도는 도매시장 출하, 전문 판매점 납품, 인터넷이나 전화를 통한 택배 판매 및 직판 등의 방식으로 유통된다. 이런 판매 방식별로 적합한 품종을 선택하여야 한다. 도매시장 출하나 판매점 납품 등일 경우는 저장성과 외관이 우수하여야 하며, 관광농원 등에서 직판할 경우는 저장성이나 외관보다는 품질이 우선적으로 고려되어야 한다. 택배 시는 수송성이 좋은 품종이 유리하다.

8) 노동력 분산·절감을 고려한 품종선택

포도재배 특성상 인력이 많이 요구되는 작업과 농촌현장의 노동력 부족은 포도재배를 기피하는 요인들이다. 따라서 조생종, 중생종, 만생종으로 분류하여 식재하고 유핵과 및 무핵과 재배로 분류하며 간단한 송이솎기와 무봉지 재배가 가능한 품종을 선택하여 효율적인 영농을 지향한다.

Chapter

Ⅱ

환 경

1. 기후
2. 기상
3. 토양

Ⅱ 환경

1 기후

우리나라 대부분 지역의 일반적인 기후조건은 포도를 재배하기에 적당하다고 할 수는 없다. 여름철 고온다습과 겨울철 동해, 봄철 서리 피해 등은 포도 작황 불안 요인으로 작용한다.

내한성이 강한 미국종 포도는 우리나라 대부분의 지역에서 재배가 가능하나 교잡종(유럽종×미국종 교잡)이나 유럽계 포도는 서리가 내리지 않는 일수가 150~180일인 곳에서만 안전하게 재배할 수 있는데, 대체로 대전 이남 지역의 해발 300m 이하의 평야, 구릉지, 해변 지역이 해당된다.

재배할 품종은 생육이 가능한 기간과 겨울철 예상 최저기온에 따라 선택한다. 만약 생육기간이 너무 짧으면 수확 시 품질이 떨어지고 당함량이 낮을 수 있다. 또한 가을에 포도나무가 제대로 성숙(경화)되지 않으면 겨울철에 동해를 입을 수 있다.

포도나무의 병발생 문제도 부분적으로 기후와 관련이 있는데, 특히 습도와 온도이다. 부패병이나 노균병은 시원하거나 건조한 지역보다 따뜻하고 습도가 높은 지역에서 더 빈번하게 발생한다. 따라서 병방제는 경작지가 속해 있는 지역의 기후에 따라 달라질 수 있다

2 기상

1) 기온

① 자발휴면

낙엽과수는 가을철 해가 짧아지는 조건과 온도 저하에 의해 자발휴면에 들어가며 기간은 수확 이후 낙엽이 지는 시기부터 1월 상순 사이의 2~3개월간으로 품종에 따라 차이가 있다. 더불어 휴면타파를 위한 저온요구량도 품종 간에 차이가 있는데 대략 1,000~2,000시간이며

이듬해 대체로 1월 이후가 완료시기이다. 자발휴면이 완료되지 않은 상태에서 가온재배를 하게 되면 발아 및 착과가 불량하게 된다.

② 동계 온도 및 저온 장해

일반적으로 포도나무는 가을철 저온에 적응하기 시작하여 휴면에 들어간다. 생육이 왕성하고 수확시기가 늦은 유럽계 포도 품종들은 우리나라에서 특정 시기의 저온에 의해 동해피해를 받을 우려가 있다.

초겨울에 유럽계 포도나무는 -18°C 이하의 온도를 견딜 만큼 충분히 강하지 않지만 보통 1월 초까지 최대 내한성에 도달하여 품종에 따라 -18°C까지 견딜 수 있다. 동해의 정도는 그해의 저온 정도와 지속시간에 따라 다르게 나타난다. 동결전 상태 또한 피해 정도에 영향을 미칠 수 있는데, 겨울철 휴면기 이전인 가을에서 겨울로 넘어갈 때 온도가 급격기 떨어지는 시기와 휴면기 중 포근한 온도 후에(2월 해빙기) 이어서 온도가 급격히 떨어지는 경우에 특히 피해가 심하다. 이것은 해빙기의 온도 상승으로 포도나무에 탈순화가 일어나고 내동성이 소실되는 시점에 이어서 저온 또는 서리가 발생하면 포도나무가 피해를 입게되기 때문이다. 따라서 주요 저온피해의 원인은 한겨울의 추위 때문이 아니라 겨울끝자락에 따뜻했다가 추운 날씨로 급격히 변동되는 기온 때문이다. 생육 중 과다결실과 가을철 조기낙엽으로 인해 수체 내의 저장양분이 적을 때에도 건조동해에 의한 고사와 휴면병과 같은 생리장해 발생이 증가하게 된다.

일단 봄에 생장을 시작하여 눈이 발아하고 신초길이가 대략 5cm 길이로 생장하면 -2°C 아래의 온도에서도 저온피해를 입기 쉽다. 1차 눈(주아 또는 중앙눈)이 고사하거나 손상을 입으면, 비록 2차 눈이 과실을 생산하여도 생산량은 뚜렷하게 감소한다.

대체로 유럽계포도는 내한성이 약하여 대전 이북 지역이나 해발고도 300m 이상 되는 지역에서 동해가 우려되므로 월동계획을 수립하여 대비한다. 겨울전정은 혹한기를 지나서 실시하며 지나친 강전정을 피한다. 동해피해는 주로 지제부에 가까운 주간부위에 많이 나타난다. 주간

일부분만이나 수관 전체를 매몰하여 월동하기도 하는데 노동력이 많이 소요되며, 최근 비가림재배 시설에서는 과원 가장자리에 치마를 두르듯이 비닐을 피복하여 차가운 바람의 과원 유입을 최대한 막는 방법으로 동해를 회피하기도 한다.

〈종이포대 피복 월동〉

〈짚 피복 월동〉

〈매몰 월동〉

〈비가림시설 측면피복 월동〉

③ 생육기의 온도

생육기간에 기온이 너무 낮으면 가지의 신장이 불량해지고, 개화기 저온은 수정을 방해하여 착립이 불량해진다. 꽃가루의 발아 또는 수정의 적온은 품종에 따라 다른데, 유럽계 포도는 25℃ 내외이다. 일반적으로 생육기간에 기온이 높으면 과실의 발육이 촉진되어 숙기가 빨라지고 당함량도 많아진다. 그러나 대부분의 포도 품종들은 한여름 밤 온도가 29℃ 이하로 떨어지지 않고 열대야가 지속되면 성숙장해를 입어 착색이 불량해지고 성숙이

멈춰버리는 피해를 입게 된다. 우리나라와 일본의 포도 주산지의 기온을 살펴보면 연평균기온이 11~15°C 이고, 4~10월의 평균기온이 16~20°C 이다. 개화기부터 성숙까지의 적산온도는 유럽계 포도 품종의 경우 3,500°C 이고, 성숙일수가 100일 이상이다.

2) 강수량

포도나무의 경제재배 한계를 결정하는 요인은 생육기간의 강우량이다. 유럽계포도가 널리 재배되고 있는 지중해 연안이나 미국 캘리포니아 지방의 연강수량은 800mm 이하이고 여름철의 강우량이 300mm 이하인 지방이 대부분이다. 이에 반하여 우리나라는 비가 적게 오는 포항지방도 연강수량이 1,084mm 이고, 생육기의 강수량이 850mm 이상이므로 유럽계 품종을 재배하기에는 많은 어려움이 있다. 그러므로 유럽계 포도 품종을 재배할 때는 하우스 또는 최소한의 비가림 시설 내에서 하는 것이 권장 된다. 생육기간 중 어느 기간이건 비가 많이 오면 일조부족으로 동화량이 감소되고 토양습도가 높아져서 각종 무기물, 특히 질소의 흡수가 왕성해져서 신초가 웃자라게 된다. 결과적으로 가지의 등숙이 불량해지고 동해의 위험성이 커지며, 이듬해 발아가 불량해진다. 생육기의 지나친 강우는 당함량이 적어지고 열과 발생이 많아지며 새눈무늬병, 흰가루병, 탄저병의 발생이 심해진다.

3) 일조

맑은 날이 많을수록 과실의 품질은 좋아진다. 그러나 맑은 날이 많고 일조량이 많다 하더라도 밀식, 다비, 강전정 등에 의하여 가지의 엽이 과도하게 생장하거나 번무하게 되면 햇빛 투과가 충분하지 못해 과실의 착색이 불량해지고 품질이 떨어진다.

3 토양

1) 지형

가장 좋은 포도원은 햇빛이 잘 들고 서리피해가 없으며 배수가 잘 되는 곳이다. 특히, 여름장마가 심한 우리나라 지형여건 상 배수는 매우 중요한 지형요소이다.

냉기류는 높은 지역에서 낮은 지역으로 흐르므로, 대부분의 서리피해가 없는 곳은 주변지역보다 더 높은 곳이다. 따라서 저온피해가 발생하였을 때 피해가 더 심하고 생산량이 더 낮아질 수 있기 때문에 냉기류가 머무는 저지대는 포도원 개원을 피해야 한다.

토양침식과 장비운영의 어려움 때문에 일반적으로 포도 경작지는 급경사(15도 이상)를 피한다.

북쪽 경사면은 혹독한 겨울 상태가 오래 지속되는 경향으로 서늘한 기온이 포도나무의 생장을 지연시켜 봄철 서리피해를 회피하게 한다. 남쪽 경사면은 반대의 효과가 나타나는데, 초봄 생장을 촉진시켜 서리피해의 위험을 증가시킨다. 서쪽 경사면은 일부 지역 또는 특정 시기에 포도나무나 지주 시설물에 문제를 일으킬 만큼 강한 바람에 노출되는 약점을 안고 있으나 포도원을 관통하는 특정시기의 바람이 잎의 이슬과 비를 건조시켜 병해를 감소시킨다.

특정 지역에서 과수나 포도나무를 재배하였던 사람들의 조언은 바람직하지 않은 지역을 회피하는데 도움을 줄 수 있다.

2) 토질과 배수

포도나무는 아주 척박한 토양이 아니면 재배할 수 있다. 유럽계 포도는 일반적으로 배수가 잘 되고 경토가 깊은 사양토나 점질양토가 좋고 배수가 양호한 토양에서 활력과 수확량이 최고조에 달하며 효율적인 생산이 이루어질 수 있다.

배수는 수분의 투수 또는 토양 내 수분 이동뿐만 아니라 지표면의 물기 제거를 모두 의미한다. 포도나무 경작지로서 생육기 동안 계속 젖어있는 토양은 피해야 한다. 이러한 토양은 불투수성 하층토이며 배수 관련 문제를 반드시 안고 있다. 배수 불량지의 뿌리는 60cm미만에서 근계를 형성하지만 배수가 잘되는 토양에서는 80cm이상의 깊이로 근계를 형성 할 수 있다.
차가운 공기가 포도원 내에 정체되면 안 되듯이 물도 고여 있으면 안 된다. 포도원은 비가 내린 후 지표에 물이 흐르지 않거나 물웅덩이가 생기지 않도록 배수 관리를 철저히 해야 한다.
포도재배 경작지를 선택 할 때 심토의 특성을 파악하는 것도 매우 중요하다. 이는 토양 내부의 배수 특성을 알 수 있기 때문이다. 예를 들면, 밝고 균일한 황갈색의 심토는 내부 배수가 양호함을 나타낸다. 배수가 불량한 심토는 얼룩이 심하고 경우에 따라서는 균일하지 않는 어두운 회색빛을 내는 특성을 가지고 있다.
우리나라의 포도재배 경작지 중에는 배수가 불량한 경우가 많은데 이는 불투수성 지반 위에 또는 논토양에서 포도원을 개원한 경우 주로 해당된다. 배수가 불량한 토양에 포도원을 개원할 때는 경작지 준비단계에서 배수관을 묻거나 배수로를 정비하여 과원 내 배수가 양호하도록 조치한다. 더불어 이른 봄이나 늦가을에 배수가 안 되는 포도과원 내에서 장비를 운용하는 것은 과수원 바닥을 다지어 뿌리의 발육을 방해할 수 있다. 포도나무는 기본적으로 비옥하고 배수가 잘되는 토양에서 잘 자라지만, 적절한 비료시용과 토양관리를 잘하면 비옥도가 떨어지는 토양에서도 좋은 품질의 과실을 생산 할 수 있다. 따라서 포도원 경작지를 선택할 때 토양의 비옥도를 고려하는 것보다 배수에 대해 고려하는 것이 더 중요하다.

3) 염기포화도와 토양 pH

유럽계 포도는 칼슘, 칼륨, 마그네슘 등의 염기가 풍부한 토양, 즉 염기포화도가 높은 토양에서 잘 자라며 적정 pH는 7.3~7.7 이다.

Chapter III

개원 및 재식

III 개원 및 재식

1 개원

포도과원 개원 시 먼저 기온, 토양조건, 강수량, 시장성 등 경영적인 문제를 함께 고려하여 알맞은 곳을 선택하는 것이 무엇보다 중요하다. 유럽계 포도는 내한성이 약함으로 추운 중부지방이나 산간지방에서 부득이하게 재배할 경우 부직포 피복 등의 월동계획을 반드시 수반하여야 하는데, 가능한 재배하지 않는 것이 바람직하다.

포도나무는 알칼리성 토양에 알맞고, 석회요구도가 높으며 경토가 깊고 배수가 잘 되는 토양에서 생산성이 높다. 특히 유럽계 포도는 강수량이 적고 겨울철에 추위가 심하지 않은 곳을 선택하는 것이 원칙이다.

1) 경작지 준비

포도재배 예정지를 사전에 준비하는 것은 매우 중요한 일인데 포도나무 식재 전에 완료한다. 토양의 이화학성 및 물리성을 알아보기 위해 재식 전에 토양검정을 실시한다. 유럽계 포도에 적합한 토양 pH가 되지 않으면 농업용 석회를 살포하여 pH를 7.5 내외로 조정한다. 산이 매우 높은 심토의 경우, 식재 전에 석회를 시용하고 깊이갈이를 하여 토양과 잘 섞이도록 한다. 토양검정은 포도원에 필요한 토양 비옥도 및 비료 요구도에 대한 정보를 제공하므로 검정결과를 바탕으로 부족분을 보완한다. 잡초관리에도 주의를 기울여야 하는데, 안전하고 효과적인 제초제를 포도재배 예정지 준비기간 동안 사용할 수 있으나 포도나무 재식 후에는 사용할 수 없으므로 제초제를 살포해야 한다면 재식 전에 완료하고 제초제의 영향이 재식 후 포도나무 생육기간까지 이어지지 않도록 주의한다. 제초제는 포도나무가 심겨질 부분에 폭 1.2m 내외로 살포한다. 포도나무 재식 전 가을이나 초봄에 포도나무가 심겨질 부분의 풀떼장을 갈아 엎어 잘 부서지는 식생토로 만든다. 포도나무가 심겨지지 않는 열 사이의 통로에 피복용 초지를 파종하려면 봄보다 8월 중순~9월 중순 사이에 파종하는 것이 더 좋다.

피복용 종자 파종 시 4kg/10a 질소를 함께 시용 하면 피복용 풀의 생장이 촉진된다. 다년생 라이그라스는 36~54kg/1200평, 캔터키블루그라스는 9kg/1200평 정도를 재식열 사이에 파종하면 충분히 피복시킬 수 있다.

포도재배 경작지에 배수가 불량하거나 물웅덩이가 있으면 포도나무 재식 전에 배수관을 묻거나 배수로를 정비해야 한다. 또한 개원 예정지 주변에 경작하고 있는 논이 있다면 접경지 둘레에 "U"자 배수로를 설치하여 선택적 제초제 또는 논에 사용하는 물 등이 유입되지 않도록 한다.

〈이웃 논 물흐름 차단〉

2) 과원 디자인

포도재배 경작지는 ① 토양침식 방지 ② 포도나무 재배공간의 효율적인 이용 ③ 성과 최대화 ④ 과원관리 및 장비조작 용이 등이 달성될 수 있도록 설계한다.

포도나무가 심겨지는 열은 지주시설의 내구력을 고려하여 직선으로 배치하며 토양 침식이 우려되는 경사지라면 경사면을 가로지르게 배치한다. 토양침식의 우려가 없다면 수관 내에 고른 광분포와 과실품질 및 생산성 향상을 위하여 재식열을 남-북 방향으로 배치하는 것이 좋다. 열간격과 주간거리는 수형이나 지주시설에 따라 결정한다.

재배방식은 최대한 비를 맞지 않는 형태의 하우스재배 또는 비가림재배가 알맞으며, 비가림재배의 경우 수관을 최대한 덮을 수 있는 광폭 비가림재배가 적당하다. 유럽계포도는 우리나라의 강우량이 많고 고온다습한 기후풍토에서 병해에 약함으로 반드시 시설재배를 해야 유럽계포도 고유의 특성이 잘 발휘될 수 있다는 점을 알아야 한다.

3) 토양 기반 조성

포도의 품질과 생산성에 영향을 미치는 요인은 매우 많다. 그 중에서도 지하부의 환경이 미치는 영향은 매우 크다고 할 수 있는데, 교잡종 포도 '거봉'의 경우 과실품질에 영향을 미치는 상대적기여도가 토양경도와 유기물함량이라는 보고가 있다(2007, 국립원예특작과학원). '거봉'의 경우와 비교하였을 때 유럽계포도도 비슷한 양상일 것으로 추측된다. 따라서 포도재배 예정지를 사전에 준비하는 작업 중 토양의 물리성을 강화·개선시키는 사전 정비 작업이 필요하다. 재식하기 전년도 가을, 개원하고자 하는 예정지 토양에 굵은 왕겨를 투입하여 토양물리성을 개선하는 방법이 있다. 투입되는 왕겨의 양은 개원 예정지가 논토양(점질토)인 경우 100평 당 5㎥, 밭토양(사질토, 마사토)인 경우 100평 당 4㎥ 투입한다. 왕겨 투입 후 굴삭기(반드시 체바가지 사용)를 이용하여 깊이 70cm 이상으로 왕겨와 함께 토양의 위 아래가 완전히 뒤집히도록 갈아엎고, 트랙터의 로터리를 이용하여 평탄하게 마무리한다.

〈왕겨 투입〉

〈왕겨 투입 완료〉

〈굴삭기 땅 뒤집기〉

〈로터리 평탄 완료〉

4) 지주 설치

포도원 개원 시 가장 많이 지출되는 비용이 지주설치비이다. 포도원의 지주는 무거운 포도 과실이나 강한 바람에 견딜 만큼 충분히 강해야 하며 내구성도 강해야 한다.

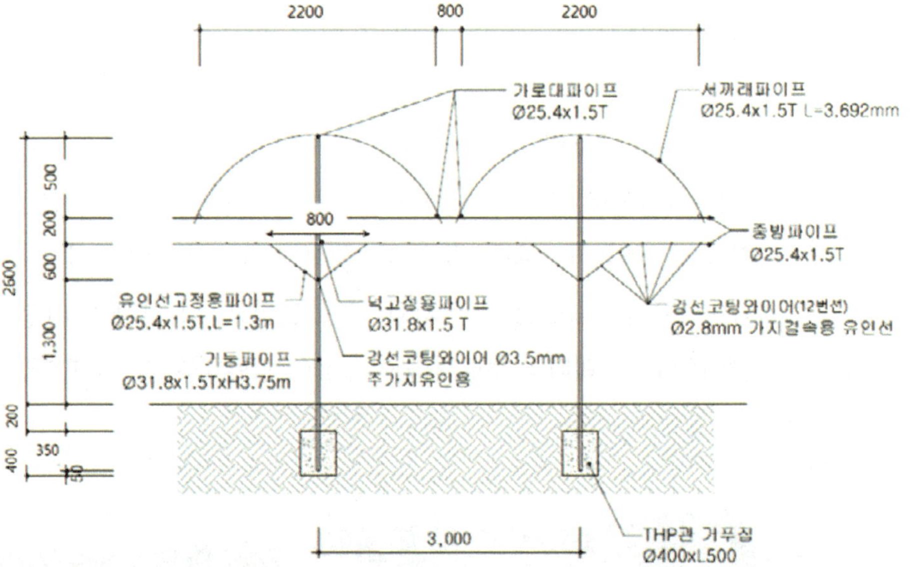

포도나무 지주의 물리적 기능은 잎과 과실을 햇빛에 많이 노출되도록 포도 가지를 잘 배열하는 것이며, 일반적으로 지주가 높을수록 잎이 햇빛에 많이 노출되어 결실된 과실의 품질이 증가되나 내구성 및 작업 효율성을 충분히 감안하여 설치 규모를 결정 한다. 광폭비가림시설 지주 설치 시,

고온기 때 뜨거운 공기의 환풍에 주의를 기울여야 한다. 골과 골사이 비가림시설이 너무 맞닿아 있거나 시설이 너무 낮으면 원활히 공기가 유통되지 않아 고온장해를 받게 된다. ❶열간 비가림시설 활대의 유격은 70cm 이상이며 ❷하단 중방과 상단 중방 사이는 20cm 이상 유격을 둔다. 지주 설치의 최적 시기는 정식 당년 봄이 시작되기 전까지이다. 포도나무의 지지와 가지 배치를 위한 지주시설은 정식 전에 마무리하는 것이 좋다.

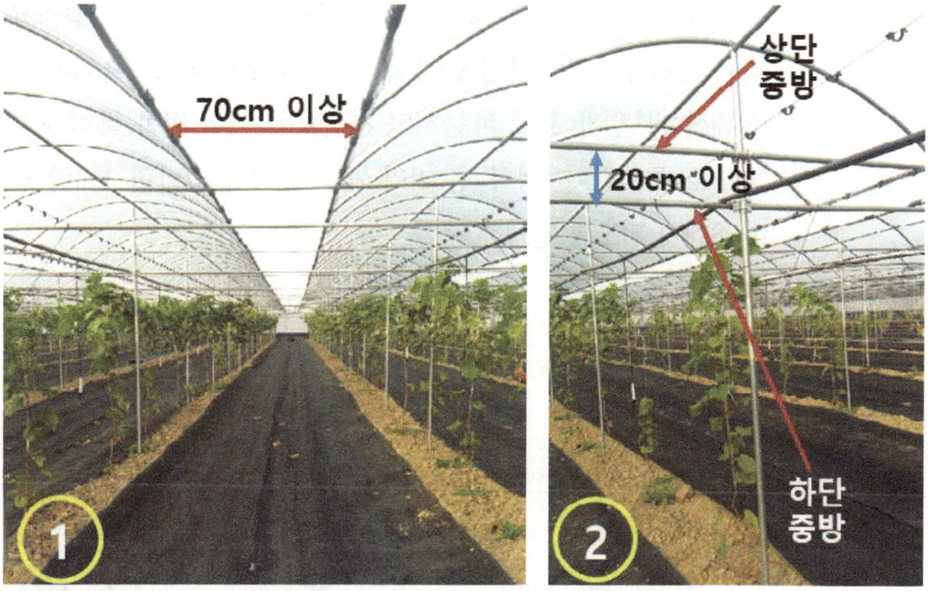

2 재식

1) 묘목 준비 및 식재

정식할 묘목은 마디사이가 짧고, 웃자라지 않으며, 뿌리가 잘 발달한 것이 좋다. 접목묘이면 대목의 길이가 최소 25cm 이상은 되어야 한다.
정식할 포도나무 유목은 건조 및 햇볕에 노출되지 않도록 주의한다. 유목을 다듬어서 정식 할 때는 뿌리가 마르지 않도록 가식을 해 놓고 가능한 빨리 정식 한다. 정식 2~3시간 전 묘목을 물에 담가 놓으면 생존율이 높아진다. 포도나무 정식 시기는 이른 봄이 적당한데, 가을철 정식은 정식 당해년도 겨울에 피해(접목묘의 경우 접목부위 동해발생)를 입을 수 있으므로 권장하지 않는다.
정식 전 묘목을 다듬을 때는 부러지거나 고사된 부분은 제거하지만, 가능한 뿌리는 제거하지 않는다. 정식 시 뿌리를 넓게 편 다음 흙을 덮고 가지는 충실한 가지 1개만을 남긴다.
묘목을 심을 때 깊게 심지 않는 것이 중요하며 삽목묘의 경우, 삽목 모본과 1년생 가지가 교차하는 부분까지 흙을 덮고, 접목묘의 경우에는, 접목접합부위가 지접부에서 5~10cm이상 노출되게 흙을 덮는다. 접목접합부위가 흙에 파묻히면 자근묘가 되어 접목 특성을 발휘할 수 없게 되므로 주의한다. 정식 후 여러 개의 줄기가 있다면 1개만 남겨 놓고 눈이 4~5개가 되도록 전정해 준다.

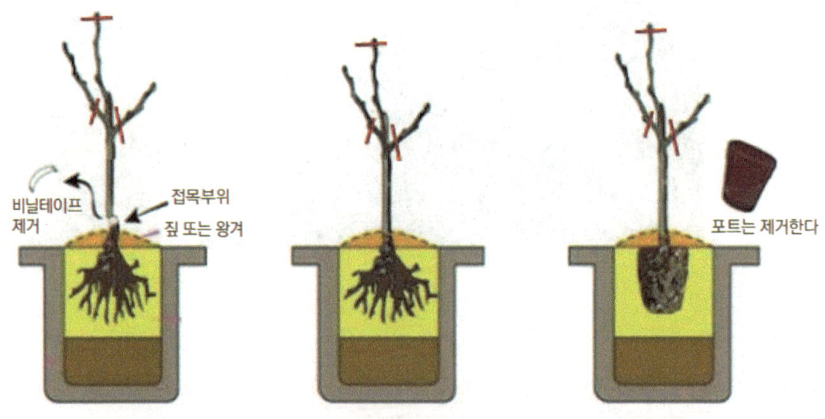

〈접목묘〉 〈삽목묘〉 〈포트묘〉

2) 재식거리

포도나무 재배에 있어서도 알맞은 재식거리를 결정해서 심는다는 것이 중요하다. 접목묘의 경우, 대목 품종에 따라 자근묘에 비해 발육량이 증가하거나 감소하기도 한다. 경토가 깊고 배수가 양호한 비옥지에서는 발육이 왕성하지만, 메마르고 건조한 척박지에서는 발육이 저하된다. 비옥지라 하더라도 지하수위가 높고, 배수가 불량하면 수세가 약해진다. 연강수량이 500~600mm인 곳에서는 나무의 확장량이 현저하게 감소되고, 900~1,200mm 인 곳에서는 확장량이 증가된다. 유럽계 포도의 수관 확장량은 왕성한 편으로 유목기 때부터 세력을 안정시켜 단초전정 재배를 할 경우 열간격과 주간거리를 3m~4m로 하는 것이 적당하다. 유럽계 포도는 신초 1본 당 12매 이상의 잎을 확보해야 하므로 열간 거리를 3m 이상으로 넓게 심는 것이 고품질 과실 생산에 유리하다. 수관이 완전히 확대되기 전 유목기에 계획밀식을 통한 일부 수확을 고려해 볼만 하나, 자칫 간벌시기를 놓치면 밀식장해를 입을 수 있어 주의해야 한다. 정식 주간거리 사이에 삽목묘를 재식하여 재식 후 2년차 및 3년차에 착과량의 50%를 수확하고 4~5년차 사이에 성원화가 되면 간벌하는 방식이다.

3) 재식방법

배수에 문제가 없는 포도원에서 포도나무를 재식 할 때는 가능한 평지에 재식하는 것을 원칙으로 한다. 잘 갈아 엎은, 포도나무를 재식 할 부위에 접시를 엎어 놓은 모양새로 뿌리를 사방으로 고르게 편 후 주변 토양을

긁어모아 가볍게 덮어 복토 하듯이 심는다. 나무를 심을 때는 뿌리 기부쪽 틈새에 흙이 잘 들어갈 수 있도록 수직으로 짧게 흔들어 주고 다시 흙을 덮고 관수하여 자연스럽게 흙이 가라앉게 한다. 고인 물이 스며들면 겉흙이 갈라지지 않도록 마지막으로 흙을 덮어 준다.

포도나무 재식 시 구덩이를 파고 심을 경우 재식 후 관수 할 때 구덩이에 물이 고여 뿌리 발육이 나빠지고 생육이 지연되거나 고사할 수 있다. 정식을 위해 묘목을 다듬을 때는 굵은 뿌리는 제거하고 긴 뿌리는 한 뼘 정도(20cm)로 다듬어 준다. 이는, 잘린 부위에서 새뿌리 발생이 좋으므로 초기 생육에 유리하다.

Chapter

Ⅳ 수형과 전정

1. 수 형
2. 전정 및 유인

Ⅳ 수형과 전정

1 수형

포도원의 결실관리에는 과실을 다루는 작업이 많은데 결과지의 높이에 따라 작업 효율이 달라진다. 울타리수형은 허리, 무릎에 무리가 많이 가해지며 일문자 수형은 덕면에 포도가 결실되어 어깨와 목 부위에 무리가 가해진다. 따라서 작업의 효율성을 높일 수 있는 수형은 착과 위치가 가슴 높이 정도인 개량일문자형으로, 웨이크만형과 일자형을 혼합한 형태로 만든 수형이다. 원가지를 덕면에 붙이는 일자형 수형에서 원가지를 유인하는 철선을 덕 아래의 지상 ❶ 1.3m 내외의 높이에 설치하고 원가지에서 나오는 새가지를 웨이크만 수형과 같이 ❷ 원가지에서 사립으로(V자 모양) 덕면 아래에 유인시키는 방법으로 착과 위치가 가슴정도가 되기 때문에 작업 시 편리하다. 작업자의 키가 일정하지 않으므로 원가지를 고정하는 철선의 높이 등은 주로 작업하는 사람에 맞추어 설치하는 것이 바람직하다. 원가지와 덕과의 거리가 떨어져 있으므로 어린 신초가 바람에 부러지지 않게 유인 철선을 1개 더 가설하는 것이 좋다. ❸ 개량일문자 수형의 전정은 단초전정을 기본으로 한다.

2 전정 및 유인

포도나무의 전정 및 유인은 포도원의 재배관리에서 매우 중요한 작업으로 고품질 포도 과실을 지속적으로 생산하기 위해서는 전정강도와 결실량 간의 상관관계를 철저하게 이해하여야 한다.

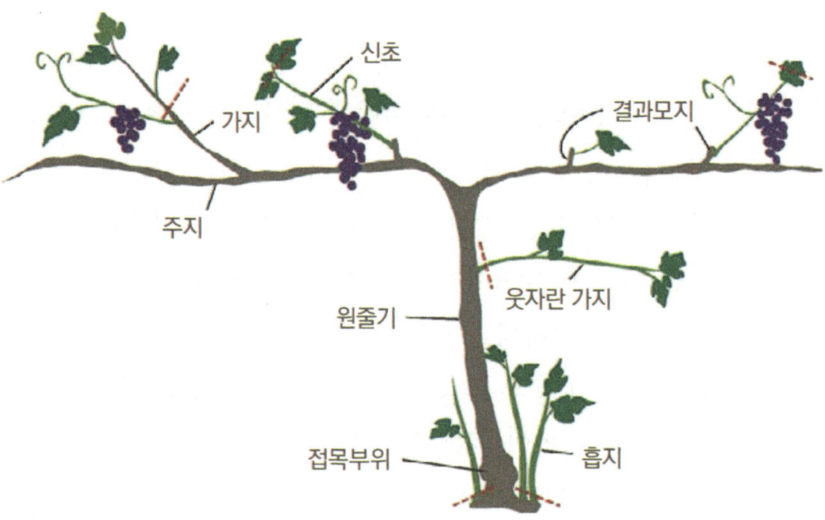

1) 유목 관리

포도나무 정식 후 2년 동안 유목의 생육관리는 성목기 때 과실품질과 생산성에 많은 영향을 미치는데, 재배관리를 잘못한 유목은 향후 몇 년간 우수한 성과를 창출하기가 어렵다. 유목기 때는 병해가 없고 햇볕에 잘 노출된 잎을 최대한 확보하고 건강한 지하부를 형성시키는 것이 중요한 목표 중에 하나이다. 이를 위해 2년 동안 필요한 양분을 공급하고 병해충과 잡초 방제에 주의를 기울여야 한다.

① 1년차 관리

재식 당년부터 적절한 유인을 통해 2년차 때 원줄기(주간)가 될 신초를 선택하여 관리한다. 잡초 경합이 없고 완전 척박지가 아니라면 몇 개의 신초는 지주시설 상부 주지 유인선(1.3m)까지 자랄 수 있다. 재식 후 묘목

1그루 당 4~5개의 신초를 받아 상부로 유인하면서 수세가 강하면 발생시킨 신초 모두를 8월 중순까지 생육시키고, 수세가 약하면 6월 이후 하부 신초부터 15일 간격으로 적당한 수세(직경 6~8mm)가 될 때까지 1개씩 제거해 나간다. 그래도 수세가 회복되지 않으면 양분을 추가로 공급하여 준다. 포도나무 정식 후 잡초를 방치하거나 양분이 매우 부족하면 발생한 신초가 짧고 빈약한 신초로 생육되어 2년차에 주지가 될 신초를 확보할 수 없다. 6월 이후 적당한 신초가 선발되면 주지 유인선에 유인하지 말고 유인선 위쪽 사립으로 생육을 유지시킨다. 8월 중순 이후 도장지가 시작되는 마디 전(주지가 시작되는 곳에서 대략 1.0~1.2m 내외)에서 절단 전정하여 부초 발생을 촉진시키는데, 이때에 ❶분지가 시작되는 마디를 기준하여 4번째 마디가 10mm 이하이면 1m 전정, ❷12mm 이상이면 1.2m 로 전정한다. ❸주지 유인선 아래 30cm 부근 주간의 부초 1개 외에 나머지 부초는, 주지의 경우 잎 두 장만 남겨 놓고 모두 적심하며 주간의 경우 부초를 완전히 제거한다. ❹남겨놓은 부초 1개는 분지로서 주지의 반대 방향으로 유인하여 유인선에 걸쳐 사선으로 생육시키며 낙엽 이후 도장지가 시작되는 전 마디에서 절단전정을 한다. 결국, 낙엽이 지고 휴면에 들어가기 전까지 지제부로부터 2.5m 내외의 주지와 1m 내외의 부주지를 구성하게 된다. 주지에 있는 부초를 초기에 완전히 제거하면 이듬해에 사용할 겨드랑이 눈이 충실하게 발달하지 못함으로 주의한다.

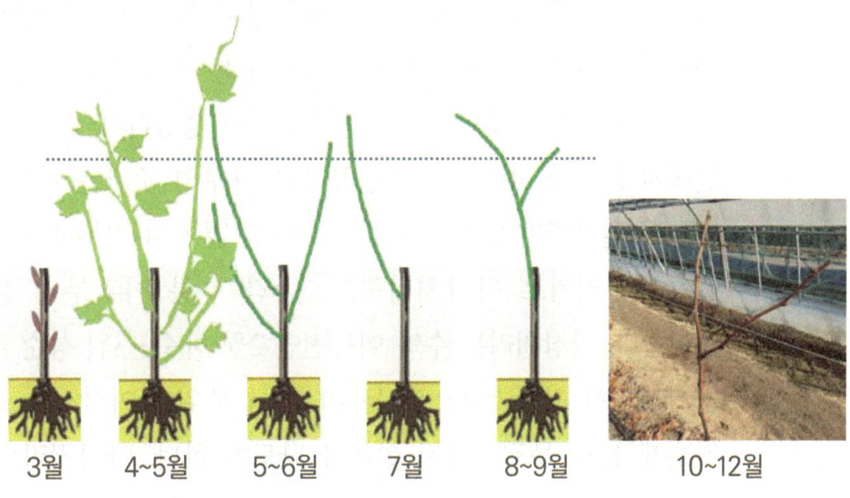

② 2년차 관리

유럽계포도는 특성상 과다시비에 의해 도장하거나 수세가 강해지면 결실관리, 특히, 꽃눈형성이 매우 어려워진다. 따라서 유목기 때부터 최대한 질소시비를 억제하고 가지유인을 고르게 하여 수광량을 많게 하며 지하부의 건전성을 확보하여 뿌리발달을 충실하게 관리해야 한다. 특히, 유목기의 질소 과다시비는 과잉생장을 조장하여 동해 위험을 증가시키고 근권발달에 매우 불리하게 작용함을 유념해야 한다.

2년차 시작 시점에 전년도에 생장한 가지는 원줄기의 주간 및 주지가 된다. 2년차 주요 목표는 1년차와 같이 영양생장을 안정화하여 수형을 구성하는데 있다. ❶2년차 포도나무는 주지에서 결과지가 되는 눈이 고르게 발아하지 못하여 정상적인 가지로 생장하지 못하면 생산성이 현저히 떨어지게 된다. 따라서 ❷2년차 포도나무의 주지는 아상처리로 발아시켜 빈눈이 발생하지 않도록 한다. 주지 및 분지의 기부에서 중간 부분까지는 1눈 건너뛰기로 아상처리하고, 중간 부분 이후부터 끝까지는 눈마다 처리한다. 아상처리는 수액 이동전인 2월 하순~3월 상순 사이에 실시한다. ❸기부에서 선단방향으로 눈 위 1cm 부위에 아상전용 가위를 이용하여 가볍게 눌러 목질부까지 상처가 나도록 한다. 아상처리를 너무 빨리하면 그대로 말라 발아하지 않을 수 있으며 너무 늦게 하면 수액이 흘러 곰팡이가 발생하여 가지가 고사할 수 있다.

❶ 저장양분 부족 시 발아불량

❷ 아상처리

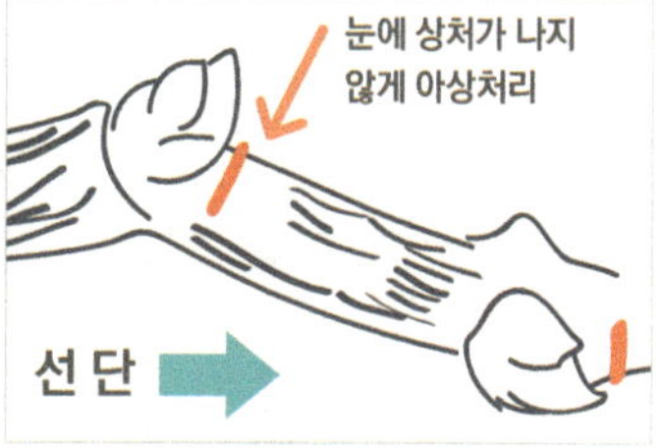

❸ 눈에 상처나지 않게 처리

주간에 발아한 눈들은 가능한 일찍 제거하고 주지에서 발생한 신초는 주지에서 45° 사립(V자)으로 덕면 밑에 유인한다. 이때 신초 유인은 전엽 9매 정도부터 하는데 무리하게 유인하면 가지가 부러질 수 있으므로 주의한다.

전년도 가지(1년차 주지)의 끝부분에서 발생한 신초 중에 충실한 가지 2개를 선택하여 유인선 위쪽 사립으로 키워 주지연장지로 이용한다. 2년차 동계전정은 웨이크만식 단초전정과 유사하다. 2년차의 1년생 가지는 결과지 배치를 위해 20cm 정도의 간격을 두고 단초전정 한다. 주지연장지도 낙엽기 이후 도장지 이전 마디에서 전정한다. 포도나무는 심은 지 2년째에도 결실이 가능하다. 그러나, 이때에도 수형을 구성하는 과정이므로 모두 제거하는 것이 좋다.

1~3월

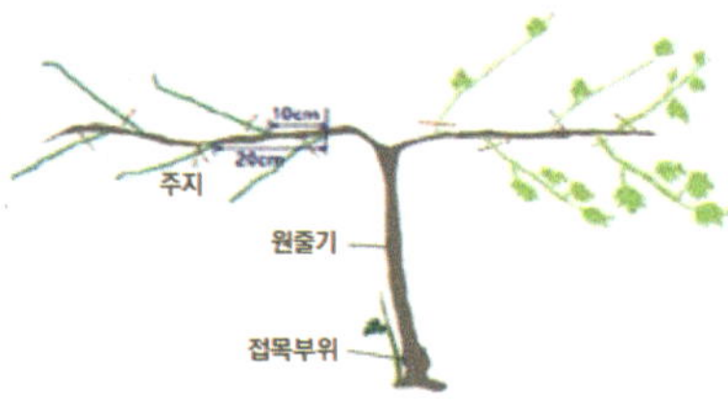

4~12월

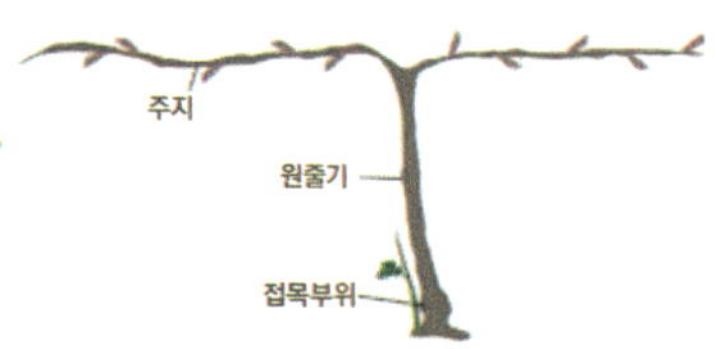

12월~이듬해 3월

③ 3~4년차 관리

주지연장지는 다음 포도나무에 닿을 때까지 도장지 이전 마디에서 전정하며 결과모지도 2년차와 동일하게 매년 단초 전정한다. 결국, 울타리 수형이 덕면 밑에 놓여진 것과 같은 수형이 된다. 주간거리를 4m로 재식하였다면 대체로 3~4년차에 수관 확대가 끝나고 다음 나무와 서로 닿게 된다. 4년차 이후는 주지상의 결과모지 간격을 좌우로 번갈아 10cm 정도 유지하면서 결과모지를 1~3눈 남기고 매년 단초전정을 한다. 계획밀식으로 재식하였던 나무를 이듬해(재식 4년차) 포장관리를 위해, 수세를 보아가며 가지와 가지가 너무 겹치는 나무들 위주로 간벌을 실시한다.

1월

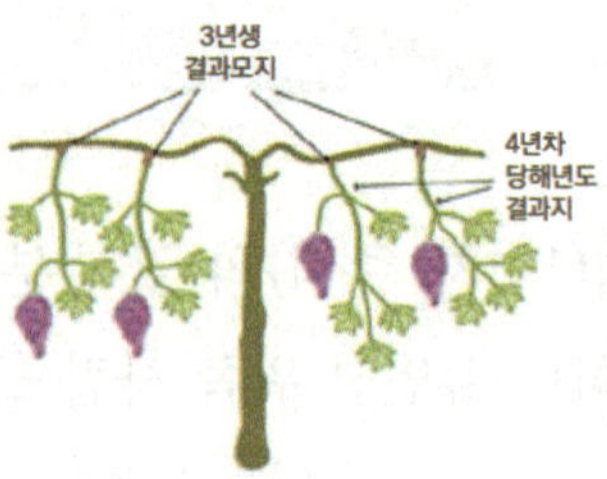

생육기

수확 후

2) 성목 전정

유럽계포도 품종 모두를 단초정정(결과모지를 자를 때 1~3 마디 남기는 전정법)으로 재배 할 수 있는 것은 아니다. 수세가 너무 강하여 장초전정으로 재배해야 할 품종들도 반드시 있다. 그러나 개원 시부터 지하부 환경을 건강하게 유지(배수 양호, 토양경도 약)하며, 유목기에 도장지 사용을 하지 않고 정상 생육된 가지들(마디가 각을 이루고 절간장이 7~8cm 정도이며 기부직경이 연필 굵기 정도)을 이용하여 수형을 구성하고 수세를 조절하면 3년차 이후 성목기에 대부분의 유럽계포도 품종들도 단초전정 재배가 가능하다. 유럽계 포도의 동계전정은 동해 우려로 추위가 끝나는 2월 중하순에 실시하는 것을 권장한다.

강전정을 하면 가지가 웃자라게 되어 결실이 불량해지고, 약전정을 하면 결실이 과다하게 되어 수세가 약해진다. 따라서 전정 강도는 수관확장, 가지의 생장, 결실량 등을 종합적으로 고려하여 결정한다.

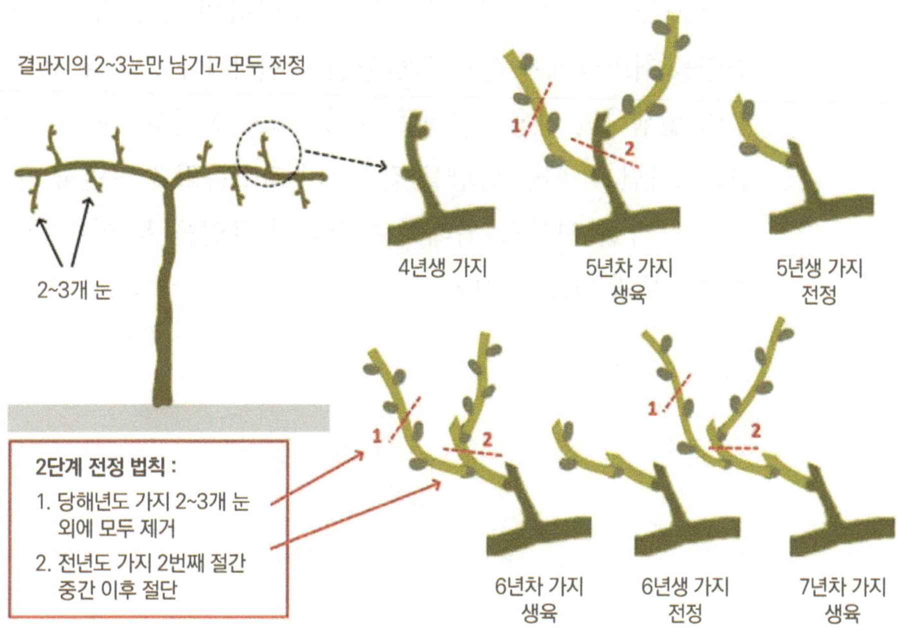

전정을 통해 제거할 가지와 남겨놓을 가지를 결정해야 하는데 남겨 놓을 가지들은 ①전년도 생육기에 신초나 잎이 햇빛에 잘 노출되어 등숙이 잘된 가지를 남긴다 ②갈색무늬병이나 노균병과 같은 병해가 없는 가지를 남긴다 ③남겨 놓는 가지의 굵기는 6mm(연필굵기) 내외이다 ④껍질이 밝고 균일한 밝은 적갈색의 가지를 남긴다 ⑤도장한 가지는 제거한다.

3) 유인

포도나무 재배에 있어 유인이란 지주와 유인시설에 포도나무 원줄기와 가지들을 배치하는 것으로서 ①잎과 과실의 햇빛 노출 극대화를 위해 신초 위치 결정 ②병해충 방제 및 수확의 편리성 향상을 위해 착과 위치 결정 ③전정 및 과원관리 편리성 촉진 등을 위해 매년 실시한다.

적절한 유인을 통해 잎과 과실이 햇빛에 잘 노출되면 과실품질이 향상되고 수체 내에 저장양분이 충분해지므로 이듬해 눈의 발달도 좋아진다. 수광을 극대화하기 위해 유인선을 따라 결과지를 고르게 분포시켜 결과지와 과실에 햇빛이 잘 투광되도록 한다. 또한, 적절한 유인은 가지와 잎의 중첩을 최소화하여 유효수관표면적을 극대화하며 수관밀도를 낮추고 음영의 영향을 최소화하여 결국, 당함량을 증진시킨다. 그러나 수관 내에 그림자가 많이 발생하면 가용성고형물은 감소하고 총산과 pH는 증가하며, 착색과 안토시아닌 및 페놀 함량을 감소시켜 과실품질을 확연히 떨어뜨린다. 결국, 고품질 과실 생산을 위해서는 적절한 유인을 통해 수관 내부로 햇빛이 최대한 투광 되도록 한다.

Chapter

V

수세와 결실

V 수세와 결실

1 수세관리

1) 저장양분과 초기생장

발아 후 초기생장은 지난해 저장양분에 의하여 이루어진다. 눈과 새싹, 뿌리와 가지, 꽃과 어린 과실 등은 초기생장을 위하여 한정된 저장양분의 이용에 경합을 나타낸다. 그러므로 불필요한 생장부는 빨리 제거할수록 초기 생장을 돕게 된다.

2) 발아

포도나무도 온대과수로서 다른 과종과 같이 발아를 위해서는 저온요구량을 충족시키는데 필요한 동계 휴면기가 필요하다. 전년도 생육기에 탄수화물 등의 저장양분이 부족하면 이듬해 발아를 해도 생육이 매우 불량해 진다. 봄철 생육기에 평균온도가 10℃ 이상 되면 발아가 시작되는데 많은 수분이 필요하며, 대략 1주일 간격으로 20㎜이상 관수가 필요한데, 첫 관수 시에는 열 사이에 물이 흐를 정도로 40mm이상 관수한다. 발아불량 원인은 발아가 시작되는 시점에 토양수분이 부족하거나 전년도 생육기에 과다착과 및 병해충에 의한 조기낙엽 등으로 양분축적 부족 등에 의해 발생한다.

균일한 발아는 착립을 균일하게 하여 상품성 및 생산성을 증가시키는데, 전년도 생육기에 수체에 햇빛을 충분히 받게 하여 적당한 굵기의 충실한 가지를 만들면 발아가 균일해진다. 당해연도 발아하여 발생한 신초는 전엽 5~6매까지 전년도에 축적된 양분으로 생장하기 때문에 과다착과에 의한 양분축적 불량에 주의한다. 발아 초기 습도가 높고 충분한 관수가 이뤄져야 발아가 좋고 균일해진다. 유목 전정에서 전정강도가 강하면 세력이 강하게 되어 발아가 균일하지 않을 수 있으므로 반드시 아상처리(2년차 유목관리 참고)를 해준다.

3) 신초 및 부초 관리

개화직전부터 개화기에 신초의 도장을 막고 착립을 안정시키기 위해 세력이 강한 신초는 적심 한다. 유럽계 포도의 경우 개화 2주 후부터, 세력이 강하고 길이가 2m를 넘는 신초는 전엽 12~13매 때 선단을 적심한다. 신초 잎겨드랑이 부초가 심하게 발생하면 동화능력의 저하, 착색불량, 병충해발생, 약제살포곤란 등의 문제가 생기므로 부초가 무성해지지 않도록 철저히 관리한다. 부초는 수세가 강한 품종일수록 심하게 발생하는데, 이를 억제하려면 질소과용, 강전정 및 밀식을 피해야 하며, 지나친 적심도 부초를 강하게 발생시킴으로 주의한다. 부초가 발생하면 전엽 1~2매 남기고 모두 따야 한다. 부초 적심 후 다시 부초가 발생하면 반복해서 적심해 준다. 적절한 가지배치와 유인 그리고 적당한 부초관리는 햇빛에 과실이 직접 닿는 것을 막아 과실 일소를 경감시킨다. 송이 아래의 부초는 모두 제거한다.

4) 적심

적심은 신초의 끝을 제거함으로서 영양생장을 일시적으로 억제시켜 신초 중의 양분농도를 높여 꽃떨이 현상을 적게 하고, 초기의 과실비대를 촉진시킬 목적으로 실시한다.

유럽계 포도의 경우 품종에 따라 적심 효과가 약간 차이가 있으나 단초전정 재배 시 전엽 12~13장 때의 적심은 착립을 향상시키는 효과가 있으며 만개 21일 후의 적심은 과립비대를 증가시킨다.
4배체 포도의 경우 화학제를 이용하여 적심작업을 할 수 있다. 주성분 메피쿼트 클로라이드(일명 후라스타, 생장억제제) 1,000배(농도는 세력에 따라 조절 가능) 액을 전엽 10매 전후 시 수관 전체에 살포하면 신초의 신장을 약 2주 정도 늦추는 것이 가능하다.

2 결실

결실조절은 잎의 생장과 착과량 간의 균형을 맞추는 것으로 포도 결실량을 물리적으로 조정하여 잎을 가진 결과지가 과실을 충분히 성숙시킬 수 있도록 생육시키는 작업이다. 과다결실은 포도나무의 활력을 떨어뜨려 미숙과를 발생시키고 수체의 경화를 불량하게 하여 안전한 월동을 방해한다. 어린 유목에 착과를 시키면 지하부와 지상부의 활력을 떨어뜨리므로 가능한 어린나무의 과다결실은 지양한다. 2~3년차에 결실량이 많으면(2년차 7~8송이 및 3년차 15송이 이하 착과) 수관 확장이 저하되고 이후 성목기에 수확량이 줄며 수세회복을 위해 몇 년이 소요될 수 있음을 유념한다.

1) 착립과 착방

착립증진을 위해 개화 직전(전엽 12매)에 적심을 실시하나 약한가지는 적심하지 않는다. 잿빛곰팡이병이 발생하면 착립이 불량해지므로 봄철 기온이 낮고 비가 많은 해에는 잿빛곰팡이 방제를 철저히 한다. 수정시기에 잎들이 너무 무성하여 햇빛 투광이 낮을 경우 착립이 불량해진다. 수세가 강한 신초의 적절한 적심은 착립률을 높여준다. 품종에 따라 차이가 있으나 600g/1송이 기준으로 1가지 1송이 착방을 원칙으로 한다.

착립증진을 위해 개화 1주일 전에 관수를 50% 줄이고 낙화 후 1개월간은 과립비대를 위해 관수량을 30% 늘린다. 화진이 우려되면 개화 전에 적심, 생장조정제(메피쿼트 클로라이드('후라스타')를 처리하여 착립을 안정시킨다. 착과량과 품질은 반비례함으로, 결실된 과실을 숙기지연 없이 성숙시킬 수 있을 만큼만 착과시키는 것이 고품질 과실 생산에 핵심 요소이다. 착과량은 포도나무의 세력과 밀접한 관계가 있는데, 과다착과에 의한 숙기지연은 나무의 세력을 떨어뜨리고 월동을 위한 저장양분 축적을 방해하여 동해 발생을 증가시킨다. 과립중이 무겁고 과립이 클수록 수확시기가 늦어지며 이듬해 봄에 빈가지 발생 빈도가 높아져 정상적인 수확이 어려워질 수 있다.

참고 : 샤인머스켓의 적정 착과량

재식	과방수	과방중	1립중	착립수	수량
주간거리 : 3m 가지간격 : 20cm	3,000개/10a (10송이/3.3m2)	600g	13g	46개	1,800kg

2) 송이솎기 및 다듬기

송이솎기는 결실량조절의 최종 작업으로 포도송이의 수나 크기를 결정하게 되면, 과립의 비대와 품질 향상에 큰 도움을 준다. 송이솎기를 개화 1주일 전에 실시하면 착립증진 및 신초생장에 도움을 주며, 개화 후에 실시하면 과실비대와 품질 향상에 도움을 준다. 유럽계 포도에는 대과종인 품종들이 많은데 1가지 1과방을 원칙으로(1송이 600g기준) 송이솎기를 하며 품종에 따라 1.5송이로 증가시킬 수 있다. 목표 착과량으로 착과시킨 후에도 생장이 저조한 가지에서 개화가 늦은 송이, 착립이 균일하지 않는 송이 등을 수시로 제거한다. 결실 후 수확기까지 저온일수, 강우일수 및 일조부족 등이 잦을 때는 정상적으로 생장하고 있는 송이라도 송이솎기 횟수를 늘려 제거하면 품질 향상에 도움이 된다.

① 송이솎기 정도

송이솎기 정도는 나무의 부담 정도에 따라 실시한다. 품종특성, 지난해의 생산실적, 수령과 수세 등을 고려하여 단위면적 당 목표수량을 정해야 한다. 1가지 당 송이 수는 잎 수가 많고 세력이 강할 경우 늘릴 수 있지만 잎 수가 적고 세력이 약할 경우 줄여야 한다.

② 송이다듬기

유럽계포도 중에는 송이다듬기가 필요 없이 알솎기 수준에서 과형을 마무리하는 품종들도 있지만 적어도 송이 상단부의 부수나 2~4단은 반드시 정리하여 작업의 효율성을 높여야 한다.

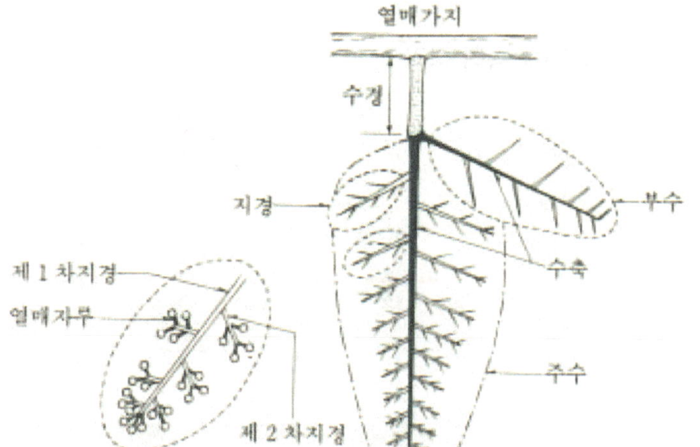

〈포도 꽃송이 각부의 명칭〉

'로자리오 비앙코' 품종은 상부 6단제거, '루비 씨드리스' 품종은 상부 6~8단을 제거하기도 한다. 유핵 품종의 무핵화 재배를 위해서는 반드시 송이다듬기를 해야 하는데, 방법에 따라 송이 무게 및 모양에 변화가 있으므로 적정 착과량을 염두해 두고 실시한다. 무핵재배 시 꽃의 끝부분을 활용하는 것을 원칙으로 한다. 송이다듬기가 늦어지면 꽃송이의 자람세가 나빠질 수 있다.

V 수세와 결실

참고 : 샤인머스켓 무핵재배 송이다듬기

- **목표** : 550~650g/1송이(단초전정, 1송이/1가지)
- **시기** : 개화 시작 1주일 전부터 개화가 시작되는 시기까지
- **방법** : 만개 3일 전 기준, 남겨 놓은 꽃송이의 끝부분이 4~5cm(풀메트: 4~5cm / 더크리: 3~3.5cm)가 되도록 정리. 기형인 꽃은 끝을 절단.
- 송이 다듬기 방법

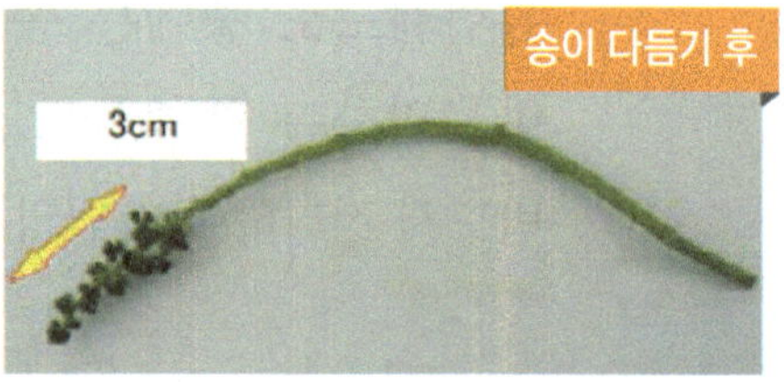

- 기형 꽃송이 정리

정상적 꽃송이 | 일부가 기형이 꽃송이 | 사용하지 않는 꽃송이

〈기형 꽃송이〉

3) 알솎기

일반적으로 유럽계포도는 미국종포도에 비해 포도알의 밀착도가 느슨하지만 착립성이 좋아 밀착되기 쉽다. 따라서 포도알의 안정적인 비대와 열과발생을 줄이며 착색이 균일하게 되도록 알솎기를 반드시 실시한다. 가능한 조기(6월 초중순, 포도알이 콩알 정도)에 실시하여 과실품질을 향상시켜야 하는데, 2회 정도 실시한다. 송이 안에 있는 과립들을 우선적으로 제거하며 송이의 어깨부분에 튀어나온 과립도 제거해 준다. 알솎기 작업이 지연되면 남겨진 공간이 메워지기가 어려워 과형이 불량해 질 수 있다.

참고 : 샤인머스켓 무핵재배 알솎기

- **목표** : 550~650g/1송이(단초전정, 1송이/1가지)
- **시기** : 6월 초중순
- **착립수** : 40~45립
- **지경수** : 14~15단(상부 2~3지경 4~5립, 중간 7지경 2~3립, 하단 5지경 1립)
- **방법** : 큰 과립을 중심으로 남겨놓고 몸체와 끝부분은 엉성하게 해두고 어깨부분의 튀어나온 과립은 제거해준다. 안으로 향한 과립 중점 제거.

〈마무리 알솎기 전〉

〈마무리 알솎기 후〉

〈알솎기가 지연된 경우〉

4) 봉지씌우기

봉지재배는 과분을 보호하여 외관을 좋게 하고 농약이 과실에 직접 닿지 않게 한다. 녹황색계열 품종의 경우 강한 햇빛을 막아 주어 과피갈변 발생을 억제시킨다. 봉지의 효과는 과원에 투광율이나 수세에 따라 달라질 수 있는데, 특히 일조가 좋고 나무의 세력이 약한 과원은 봉지재배의 효과가 적다. 백색 봉투에 비해 청색, 녹색 봉투의 조도가 낮다. 빛이 적은 상황에서 봉지재배를 할 경우 충분이 성숙시켜 수확해야 한다. 과피의 황화증상이나 과피동녹 증상이 예상되는 품종에는 색깔 있는 봉투를 사용하여 억제시킨다. '샤인머스켓' 품종의 경우 녹색봉지 사용 시, 차광이 덜 되는 일반 흰봉지에 비해 과피의 녹색이 더 짙게 나타나며 과피갈변 현상이 현저히 감소한다.

참고 : 샤인머스켓 봉지씌우기

- **목표** : 과분 보호, 외관 양호, 농약 보호, 햇빛 보호
- **시기** : 알솎기 직후(후기 과립비대 있으므로 충분히 적립 후 봉지씌움)
- **봉지종류**
  - 청색봉지 : 차광율이 너무 높아 착색기 이후에 씌우는 것이 좋다. 너무 이르면 당도가 충분히 오르지 않을 수 있다
  - 녹색봉지 : 착색기 이전에 씌우는 것이 좋다. 너무 늦으면 반대로 동녹이나 과피가 너무 노랗게 된다.

〈청색봉지〉

〈녹색봉지〉

〈샤인머스켓 과피갈변 증상〉

5) 생장조정제 이용

유럽계포도 재배 시 품종에 따라 생장조정제를 이용하여 무핵포도를 생산하기도 한다. 과립이 작은 무핵 품종의 경우 과립비대를 위해서, 유핵 품종의 경우에는 무핵화를 위하여 스트렙토마이신이나 지베렐린 및 사이토키닌 계열의 생장조정제를 사용한다. 무핵재배를 위해 생장조정제 사용 시, 농도나 처리시기가 맞지 않아 무핵화율이 많이 떨어지는 경우가 있는데, 이를 방지하기 위하여 스트렙토마이신 수화제를 만개 2주 전~개화 초기에 살포하거나 침지하여 준다. 인근에 유핵포도 재배 과원이 있는 경우에는 스트렙토마이신 살포 처리 시 약액이 비산되어 꽃떨이 현상을 유발할 수 있으므로 반드시 화방 침지 처리한다.

유럽계포도의 무핵재배 시, 균일한 약효를 위해 포도나무의 적정 수세를 고르게 유지하여야 한다. 무핵화 처리 후 과립이 비대해 짐으로 유핵재배보다 과립 간 공간을 30% 넓게 꽃송이를 정리한다. 무핵화를 위한 생장조정제 1차 처리시기는 만개~만개 3일 이내로 최대한 꽃이 폈을 때 처리한다. 1차 처리를 만개 전에 처리할 경우 소립과가 발생하고 꽃송이 축이 휘어지기 쉽다. 또한 무핵화율은 높아지나 과다 착립되어 알솎기 노동력이 많이 소요되고 과방이 지나치게 신장된다. 반면에 1차 처리가 늦어지는 경우 지연수정이 되는 과립이 발생하여 송이 내 숙기 불균일, 과립모양 불균일, 꽃떨이 현상으로 착립 불량 문제 등이 발생한다. 무핵화를 위한 생장조정제 처리 시 온도가 낮으면 유핵과와 꽃떨이 현상이 발생하기 쉬우므로 온도가 낮은 시간대의 처리는 삼가한다. 적당한 습도 유지를 위하여 개화전에 충분한 관수가 필요하나 개화 1주일 전에는 관수를 50% 줄인다.

1차 처리 후 8시간 이내에 5~10mm 이상 비가 오면 본처리 농도의 1/2농도로 재처리 한다. 2차 처리는 과립비대를 위해 만개 10일 후부터 늦어도 3주 내에 완료한다. 2차 생장조정제 처리 시 곰팡이 발생과 약해 방지를 위하여 약액이 빨리 마르도록 꽃송이를 살며시 털어낸다. 가능하면 약액이 빨리 마를 수 있는 날에 처리하고 습도가 높은 날은 피하고 가능한 오전 7시~12시 이전에 처리를 완료하며 온도가 높은 오후에는 처리하지 않는다. 햇빛이 강한 날에 시설 내는 고온임으로 아침 또는 저녁 선선 할 때 처리 한다. 사이토키닌(CK) 계열 생장조정제(더크리, 풀메트 등) 혼용 시, 농도가 높으면 기형과립이 발생하며 껍질이 두꺼워지고 당도가 낮아져 품질이 떨어진다. 또한, 2차 처리 시 사이토키닌 계열 생장조정제의 농도가 높으면 당도가 낮아지고 접촉성 열과가 발생 할 수 있다. 현장 농가에서 사이토키닌 계열 생장조정제를 사용하였을 때 나타나는 결과들을 참고해 볼 때, 더크리 사용 시 저장성과 수송은 높아지나 수확이 늦고 당도가 약간 떨어지는 경향이 있다고 하고 풀메트 사용 시에는 껍질이 얇고 식감은 매우 우수하나 탄저병에 약하고 저장성이 떨어지며 압상에 약한 경향이 있다고 한다. 착립증진과 무핵과를 생산하기 위해 사용하는 생장조절제는 나무 수세에 따라 처리반응이 다양하게 나타나고 있다. 따라서 다음의 샤인머스켓 무핵재배 기술사례들을 참고하여 자기 과원의 여건에 맞게 조정하여 사용한다.

참고 : 샤인머스켓 무핵재배기술 사례 1

- 약제 및 시기 :
  - 1회만 처리 : 만개 5일 전(스트렙토마이신 200ppm), 만개 3일 후(GA 25ppm + 풀매트 10ppm)
  - 2회 처리 : 만개 5일 전(스트렙토마이신 200ppm), 만개 3일 후(GA 25ppm + 풀매트 2.5ppm), 만개 15일 후(GA 25ppm)

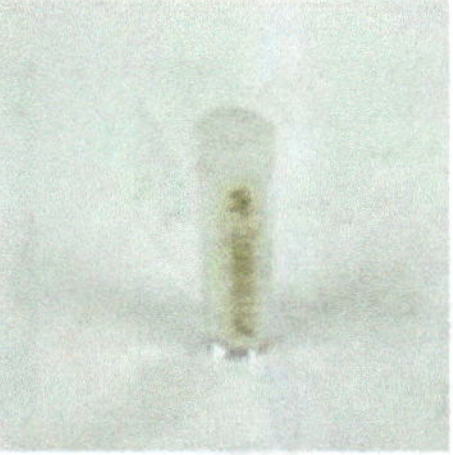

〈지베렐린 1.6g〉

〈더크리 4g〉

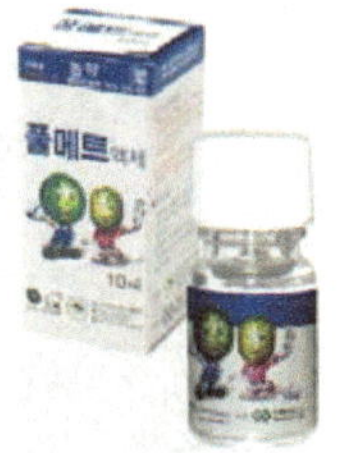

〈풀매트 10ml〉

- 송이조정

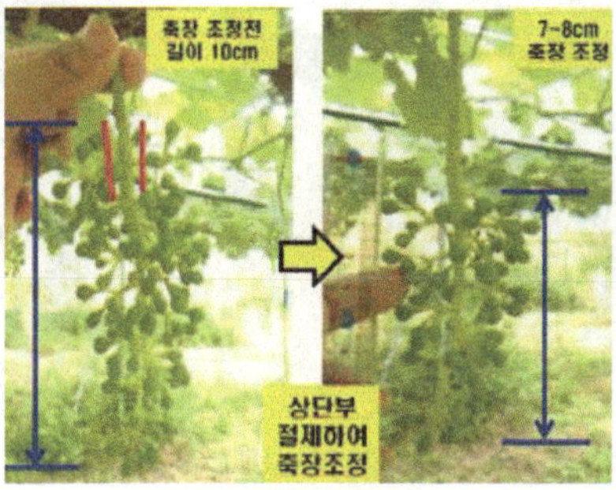

〈그림 ❶〉

〈그림 ❷〉

〈그림 ❸〉

〈그림 ❹〉

❶ 1차 생장조정제 처리 5일경 축장 조정
❷ 예비 알솎기 적기
❸ 하단부 착립불량 시 절제 후 상단 사용
❹ 지경이 긴 경우 지경을 잘라 송이 정형

참고 : 샤인머스켓 무핵재배기술 사례 2

- 약제 : GA 2회 처리
  - 1차 처리 : GA 25ppm+더크리 8ppm+스트렙토마이신 1,000배
    *물 10L : GA 5개, 더크리 2봉+스트렙토마이신 10g
  - 2차 처리 : GA 25ppm+더크리 8ppm 또는 GA 25ppm+풀메트 2.5ppm
    *물 10L : GA 5개, 더크리 2봉, 풀메트 2.5병

꽃송이 다듬기(개화 1주전)

1차 GA처리(만개 1~3일후)

1차 처리 완료

2차 GA처리(만개 10일 후, +더크리)

또는

2차 GA처리(만개 10일 후, +풀매트)

2차 처리 비대(검정콩 크기)

참고 : 샤인머스켓 무핵재배기술 사례 3

- 처리시기
  - 1차 : 꽃이 모두 핀 1~2일 후
  - 2차 : 포도알의 횡경이 8~10㎜(만개 10~14일후) 생장했을 때
- 처리기간
  - 1차 : 일 정도로 짧아 꽃이 모두 핀 꽃송이를 찾아 처리
  - 2차 : 한 번에 모두 처리

생장조정제 1차 처리시기

생장조정제 2차 처리시기

- 처리농도
  - 1차 : GA 25.0ppm+Thidiazuron(TDZ)* 또는 Forchlorfenuron(FCF)* 2ppm
  - GA 25.0ppm 단용 또는 GA 25.0ppm에 TDZ 또는 FCF를 2ppm 이내

  * Thidiazuron(TDZ) : 상표명 '더크리' / FCF : 풀메트
- 무핵화율 증진
  - 스트렙토마이신 200ppm을 개화 7~10일전 살포하거나, 생장조정제 1차 처리 시 혼용함
- 비고
  - 포도알 달림 정도는 지베렐린보다 티디아주론(더크리) 및 포클로로페뉴론(풀메트)에 영향을 많이 받음. 생장조정제 1차 처리 시 지베렐린만 사용하면 포도알이 적게 달려 상품성 낮음
  - 지베렐린에 혼용하는 티디아주론 및 포클로로페뉴론의 농도를 2.0ppm보다 고농도로 처리하면 포도알이 많이 달려 송이다듬기에 노동력 많이 소요

Chapter

Ⅵ

토양관리와 시비

VI 토양관리와 시비

1 토양관리

1) 심경 및 토양개량

포도나무의 뿌리를 땅속 깊이 발달시켜 양분과 수분의 흡수범위를 증대시키는 것은 나무의 생육, 수량 및 품질에 크게 영향을 끼치므로 중요하다. 그러므로 심경은 개원 초부터 연차적으로 실시해야 하며, 특히 배수가 불량한 점질토나 표토가 얕은 토양에서는 심경의 효과가 크다. 심경할 때 퇴비나 구비 등 유기물과 석회비료를 함께 시용해 주는 것이 보비력과 보수력을 증진시켜 심경의 효과를 더욱 높여 준다.

2) 수분관리

포도나무는 다른 과수에 비하여 건조에 견디는 힘이 강하고, 필요한 물의 양도 다른 과수에 비하여 적다. 우리나라는 연강수량이 많으며, 강수량의 대부분이 4~10 월의 생육기에 편중되어 있기 때문에 다습이 문제되는 경우가 많다. 오랜 장마로 배수가 불량해지면 땅속 깊은 곳의 뿌리가 고사되고, 지표 근처의 뿌리만 활동하게 된다. 이와 같은 상태에서 기온이 급상승하고 비가 오지 않으면 지상부의 증산량과 지하부의 수분흡수량과의 균형이 맞지 않게 되어 토양수분이 많이 있어도 나무는 생리적으로 수분결핍이 일어난다. 이로 인해 과실의 수분이 다른 부위로 빠져 나가게 되어 축과병 등의 생리장해를 받기 쉽게 된다. 반면에 과립비대기에 건조한 상태에서 수분의 흡수가 급격히 많아지면 열과의 원인이 된다.

포도나무의 수분흡수량은 발아기부터 증가하기 시작하여 7~8월에 최대량이 되었다가 그 후에 감소하는데, 이들 생육기에 수체에 알맞은 수분함유량을 유지하기 위해서는 심경 및 유기물의 시용으로 토양의 보수력을 높여 주고, 배수가 불량한 토양에서는 철저한 배수작업으로 토양의 통기성을 양호하게 해 주어야 한다. 유럽계 포도의 경우 30℃를 넘나들고 증산작용이 심해지는 8월~9월 초까지는 10mm 이상/3~4일

간격 관수를 하면 일소피해를 줄일 수 있다.

가뭄이 오랫동안 계속될 경우에는 관수를 해 주어야 하는데, 관수시기는 토양습도에 따라 결정하는 것이 합리적이지만 실제에 있어서는 과실 및 잎의 쇠약하고 마른 상태와 토양의 건조 정도를 동시에 관찰하여 결정한다.

〈연중 관수 관리〉

▸2월말 : 첫 관수 시 재식열 사이에 물이 흐를 정도로 충분히 관수

▸3월~수액 이동기 : 발아불량을 막기 위해 충분히 관수(수관 위 살포)

▸4월~5월(개화발아기) : 극단적인 건조는 꽃떨이현상 발생시키며 극단적인 수분과다도 지하부 통기성을 나쁘게 하여 수정 불량 발생. 유핵재배 시 적정 관수로 습도유지

*사례 : 새뿌리 발생기에 10일 정도 단수·건조시켜 지하수위를 따라 새뿌리가 뻗치도록 조치

▸6월(낙화)~7월(과립비대기) : 과립비대 위해 적정 관수 필요

▸7월(착색기)~9월(수확기) : 약간 건조하게 관리, 극단적인 건조는 당도 향상 억제

▸수확 후 : 건전한 수체를 유지 위해 관수 필요

* 사례 : 12월 초 동결기까지 지속적인 관수(20mm/15일 간격)로 수분함량이 높게 유지

3) 토양표면관리

수관 아래는 청경으로 하거나 멀칭을 하고, 그 밖의 부분은 초생으로 관리하는 것이 바람직하다. 멀칭 소재는 청결, 통기성 등을 감안하여 촘촘한 차광망(90% 차광, 4중지) 등을 사용하며 두꺼운 부직포나 투수성이 없는 비닐 등은 사용하지 않는다. 건조해지기 쉬운 토양에서는 나무와 초생 간의 수분경합을 줄이기 위하여 심한 가뭄기에는 자주 예초하거나 제초제를 이용하여 초생의 수분소비를 감소시켜야 한다.

2 시비

1) 시비량

적정 시비량은 다른 과수에서와 마찬가지로 토양조건, 품종, 수세, 착과량 등 여러 가지 요인에 의하여 달라져야 한다. 포도나무는 양분 흡수력이 비교적 강한 과수이기 때문에 척박한 토양에서도 재배할 수 있지만, 수량과 품질을 향상시키기 위해서는 적절한 비배관리가 요구된다. 또한, 적절한 분시(分施)가 필요한데, 분시란 시비를 수회에 걸쳐 나누어 주는 것으로, 일시에 다량의 비료를 시용하게 되면 토양의 흡착력이 떨어지고 유실이 많을 뿐 아니라 농도가 높아 생육장해를 일으키는 등 비효율적이며 나무의 생육과 생리에도 불합리하다. 따라서 나무의 생리 및 결실 수량 구성요소의 형성과정에 맞도록 시비를 나누어서 시용해야 하며, 포도나무의 경우 가능한 변색기 이전에 분시를 마무리하도록 한다.

비료요소 중 질소는 어느 정도 수준까지는 시비량이 증가함에 따라 수량이 증가되지만 시비량 증가와 더불어 탄저병(만부병)이 많이 발생되고, 착색이 불량해지며, 당도가 떨어져 과실 품질이 저하된다. 또한 과다 시용하면 가지와 엽이 지나치게 번무하여 수체 생장이 충실하지 못하게 되고 후기 생장을 촉진하여 양분 축적이 불량하게 된다.

참고 : 델라웨어 품종에 대한 질소시용량과 과실의 품질

구분		탄저병 발생률 (%)	착색도 (%)	당도 (%)
질소 시용량 (kg)	22.5	47.7	52	14.5
	15.8～18.8	25.0	68	15.2
	15 이하	18.0	66	15.0

인산은 결실수의 경우 어느 수준까지는 시비량이 증가함에 따라 생육 및 수량이 향상되고 포도 1송이 당 착립수가 증가되지만, 과다하면 질소나 철의 흡수가 저해되고 철분결핍이 유발될 수 있으므로 주의해야 한다.

칼리는 과실의 경핵기 이후의 최대비대기에 다량 흡수되고, 착색기 이후에는 엽병에서 과실로 이동하여 그 후에 흡수되는 칼리와 함께 완숙되는 것으로 알려져 있다. 따라서 이 시기에 칼리가 부족하면 착색불량 또는 성숙장해가 발생 될 염려가 있다. 칼리의 과용은 마그네슘의 흡수를 방해하여 결핍증을 유발할 수 있으므로 주의 한다.

참고 : 우리나라 포도원 추천 시비량

구분	수령별 1그루당 시비량(g)					성목 10a 당 시비량 (kg)
	2년	3년	4년	5년	6년	
질소	100	200	300	450	600	13.0~18.0
인산	50	150	200	300	400	7.0~10.0
칼리	100	200	300	450	600	10.0~15.0

2) 시비시기

① 질소

밑거름은 낙엽 후 토양이 얼기 전에 주는 것이 바람직하다. 밑거름으로는 효과가 더디게 나타나는 퇴비, 우분 등 유기질비료를 위주로 하고, 부족한 성분량은 효과가 빨리 나타나는 화학비료로 보충하는 것이 좋다.

퇴비 등의 유기질 비료에는 종류에 따라 많은 양의 질소질이 포함되어 있으므로 이듬해 화학비료를 시용하고자 할 때에는 퇴비에 들어있는 성분량을 계산하여 화학비료 시용량을 감안해서 시용해야 한다.

보비력이 극히 낮은 토양에서는 속효성인 화학비료를 늦가을에 시용할 경우 유실량이 많아지므로 2~3회로 나누어 주는 것이 효과적이다. 밑거름의 시용량은 연간 시비량의 60~70%가 일반적이다.

밑거름을 주는 양은 과원의 면적이나 재식주수에 따라 일률적으로 주는 것이 아니라 수확 후 농업기술센터에 토양검사를 통해 시비처방서를 발급받아 밑거름 시용량을 결정해야 한다.

덧거름으로는 주로 효과가 빨리 나타나는 비료를 사용하는데 특히, 질소는 개화 후부터 착색기에 걸쳐서 많이 필요하기 때문에 개화 전에 시비하는 것이 좋으나, 유럽계 포도의 경우 개화 전 질소 과다시비는 꽃떨이 현상을 유발할 수 있으므로 이 시기에 잎의 빛깔을 보아 질소가 과다하다고 생각될 때에는 덧거름을 생략하고, 개화 후 결실이 확실해진 다음에 생장상태를 보아 가면서 필요에 따라 덧거름을 주는 것이 안전하다. 또한 연화기 이후의 질소 과다시비가 도장지 발생을 촉진할 수 있음을 주의한다. 질소 시비 덧거름의 시용량은 연간 시비량의 30~40% 이다.

가을거름의 경우 과실을 수확한 후 나무의 질소영양상태가 부족하다고 인정될 때 연간 시비량의 10% 정도를 시용하면 수세가 회복되어 잎의 동화능력이 향상된다.

② 인산 및 칼리

인산 및 칼리도 질소와 마찬가지로 생육 전반기에 많이 필요하므로 가급적 일찍 주는 것이 좋다. 인산은 전량을 밑거름으로 주고, 칼리는 연간 시비량의 50~60%를 밑거름으로 주며, 나머지 40~50%는 과실의 비대, 착색 및 성숙을 좋게 하기 위하여 과실의 발육초기(6월 상순)에 덧거름으로 준다.

3) 기타 성분의 결핍대책

포도나무에서는 붕소 및 마그네슘이 결핍되기 쉬운데, 특히 토양 pH가 낮은 우리나라에서는 이 성분들이 더욱 결핍되기 쉽다. 붕소는 토양의 pH뿐만 아니라 모래가 많이 함유된 토양에서 비가 많이 오는 경우나 가뭄이 계속 될 경우에는 결핍증이 나타날 수 있어 꽃떨이 현상의 원인이 된다.

결핍대책으로는 석회비료의 시용으로 토양의 산도를 교정하고, 유기물의 시용으로 토양의 보비력과 보수력을 높여 주며, 붕사비료를 정기적으로 토양에 시용한다. 응급대책으로는 이들 원소를 엽면에 시비한다.

Chapter

VII

수확 후 관리

Ⅶ 수확 후 관리

1 수확 시기

품종 고유의 특성에 맞게 적기에 수확하지 않으면 품질이 불량한 포도를 생산하게 된다. 특히, 조생종을 고가로 팔기 위하여 너무 일찍 수확하면 당함량은 적고 산함량이 많은 미숙과를 생산하게 되어 시장에서 퇴출될 수 있으며 늦게 수확하게 되면 품종 고유의 향기가 약해지고 외관 품질이 불량해지며 신선도도 떨어지는 등의 품질 저하가 발생한다. 따라서 나무 능력에 맞게 결실시켜 제때에 수확하는 것이 바람직하다.

2 잎 관리

유럽계포도에는 만생종 품종들이 많이 있어 늦가을까지도 포도나무 관리에 신경을 써야한다. 수확 이후 낙엽이 지는 시기까지 건전한 잎을 최대한 확보하여 저장양분을 축적하게 한다. 충분한 양분 축적은 이듬해 충실한 눈의 발아와 신초생장을 좋게 하여 고품질 과실 생산을 가능하게 한다. 반대로 잎 관리를 소홀히 하여 조기에 낙엽이 지면, 저장양분(탄수화물) 부족으로 당해연도 결과지의 경화 불량, 동해 발생 및 이듬해 발아 불량, 신초생장 불량, 개화·결실 불량의 원인이 된다. 따라서 수확 후에도 병방제를 철저히 하여 조기에 낙엽되지 않도록 한다.

3 가을거름 시용

수확 후 포도나무의 영양 상태에 따라 가을거름을 시용하게 되는데, 시기는 빠를수록 좋으나 너무 이르면 기온이 따뜻한 늦가을인 해에 새 가지의 생장이 촉진되어 당해 연도 결과지의 경화가 불량해질 수 있으며 시용 시기가 늦으면 효과가 거의 없게 된다. 유럽계포도 중에는 만생종이면서 풍산성인 품종도 많이 있는데, 수확 시기에 잎의 활력이 떨어지거나 하엽이 조기에 낙엽되면 수확 중이어도 가을거름을 시용한다. 수확 후 잎의 상태나 수세가 적당하면 시용하지 않아도 되며 요소 0.5%나 제4종 복비를 엽면살포 하면 효과적이다.

4 늦자람 신초 적심

유럽계포도 품종 중에 수세가 강건하고 수체생장이 활발하여 수확 후에도 후기 생장하는 품종들이 많이 있다. 이러한 품종들에는 잎의 동화작용으로 얻은 양분을 신초신장에 사용하여 저장양분 축적이 불량해지는 경우가 발생되기도 한다. 결국, 양분 축적 불량은 당해 연도 결과지의 등숙 불량 및 휴면 준비 부족으로 동해 고사로 이어지게 된다. 신초 늦자람이 발생한 경우 신초의 선단을 적심함으로서 신초의 신장을 억제시킨다.

저　　자 • 최고농업기술명인(포도) : 이대훈, 박용하
• 충남농업기술원 : 윤홍기
• 국립원예특작과학원 : 조은희, 박정관, 강성산, 노정호(대표저자)

단초전정 재배 위주

「유럽계 포도 재배안내서」

초판 인쇄 2021년 07월 09일
초판 발행 2021년 07월 13일

저　자 농촌진흥청 국립원예특작과학원
발행인 김갑용

발행처 진한엠앤비
주소 서울시 서대문구 독립문로 14길 66 205호(냉천동 260)
전화 02) 364 - 8491(대) / 팩스 02) 319 - 3537
홈페이지주소 http://www.jinhanbook.co.kr
등록번호 제25100-2016-000019호 (등록일자 : 1993년 05월 25일)

ISBN 979-11-290-2318-6 (93520) [정가 10,000원]